隐藏的创造力

为创作搭建舞台

[英] **迈克尔·阿塔瓦尔** ◎ 著　　**梁金柱** ◎ 译
（Michael Atavar）

BEING CREATIVE

Be inspired. Unlock your originality

中国科学技术出版社

·北　京·

Being Creative: Be inspired. Unlock your originality by Michael Atavar./ISBN:978-1-78131-718-1.
Copyright©2018 by Quarto Publishing plc.Text©2018 by Michael Atavar.
First published in 2018 by Aurum Press,an imprint of The Quarto Group.
Simplified Chinese translation copyright 2023 by China Science and Technology Press Co., Ltd.

北京市版权局著作权合同登记　图字：01-2023-1284。

图书在版编目（CIP）数据

隐藏的创造力：为创作搭建舞台 /（英）迈克尔·
阿塔瓦尔（Michael Atavar）著；梁金柱译 . —北京：
中国科学技术出版社，2023.6
书名原文：Being Creative: Be inspired. Unlock
your originality
ISBN 978-7-5046-9974-9

Ⅰ . ①隐… Ⅱ . ①迈… ②梁… Ⅲ . ①创造性－研究
Ⅳ . ① B842.5

中国国家版本馆 CIP 数据核字（2023）第 031628 号

策划编辑	赵　嵘	
责任编辑	杜凡如	
版式设计	蚂蚁设计	
封面设计	创研设	
责任校对	焦　宁	
责任印制	李晓霖	

出　　版	中国科学技术出版社	
发　　行	中国科学技术出版社有限公司发行部	
地　　址	北京市海淀区中关村南大街 16 号	
邮　　编	100081	
发行电话	010-62173865	
传　　真	010-62173081	
网　　址	http://www.cspbooks.com.cn	

开　　本	710mm×1000mm　1/16	
字　　数	138 千字	
印　　张	8.75	
版　　次	2023 年 6 月第 1 版	
印　　次	2023 年 6 月第 1 次印刷	
印　　刷	北京华联印刷有限公司	
书　　号	ISBN 978-7-5046-9974-9 / B・121	
定　　价	59.00 元	

目　录

在阅读本书的过程中，工具包能帮助你记录已学内容。

通过本书，我们将帮助你建立知识体系，为你指引人生方向。你可以按自己喜欢的方式阅读本书，或循序渐进，或一次性读完整本书。请开启你的阅读思考之旅吧。

特别策划的"参考阅读"模块将为你提供正确的指引，帮助你了解那些最能激发你想象力的东西。

阅读指南

本书分为5个章节，共20节课，涵盖了当今关于创造力的最新、最热的话题。

每节课都会介绍一个重要的概念。

这个概念解释了如何将学到的东西应用到日常生活中。

引 言

本书叫作《隐藏的创造力：为创作搭建舞台》。请注意，此处强调拥有创造力，而不是"产生""学习"创造力或"成为"有创造力的人。这些词都强调了获得创造力的过程，就好像创造力是你还没有拥有的东西。然而，之所以用"隐藏的创造力"作为本书的标题，是因为我确信你已经拥有了创造力（只是你自己还不知道而已）。

"创造力"是一种内在状态。它是孩子身上的特殊品质，使人渴望且勇于探索。无论你是否接受它，无论你是否激活它，它都是与生俱来的。

认识你自身的创造力吧。

"创造力"也意味着发展，而发展则是本书的核心内容。请把本书当作一本工具书，或是一套程序，利用它来帮助你一步步成长。

创造力不是别的，正是"你"自己。

这样说或许有些出人意料。毕竟，我们经常把创造力当作一种身外之物，一种遥不可及的东西，一个目标而不是一种内在状态。我们只能在他人展现出创造力时

投下惊鸿一瞥，如同那是他人才拥有的特权一般。但在我看来，创造力更像是货币，或是日常的呼吸。你所面对的不是高高在上或晦涩难懂的东西，而是我们每个人的日常所见所闻。

本书从五个主要方面进行了阐述：创作的开始、创作的过程、持之以恒、激发创造力的方法论和创作的尾声，每个方面都列举了几个真实案例。我并非想创建一套你必须遵循的规则，相反，我提供了一些实验性的方法和一系列的练习，并在每一章中列出我自己的真实经历来加以说明。在实践过程中我偶尔止步不前，偶尔向前迈进了一步。

我希望这些经历能对你有用。我们常听人说，激发创造力是容易的、快速的——但这不是我的真实感受。我认为激发创造力是非常有难度的一件事。然而，创造力确实在很大程度上推动了个人改变，它会促使你前进。通过阅读本书，你将获得自己需要的能力以及资源。

略微保持激进也是有用的。书中的一些练习会帮助你展示自我，勇敢发声。尝试从小事做起，将这些练习融会贯通。当你步入一个地下通道，走进一家杂志店，或者走在垃圾遍地的街道上时，你可以关注下身边的事物。在每一张丢弃的餐巾纸中，在每一级水泥台阶上，你都可能收获一个知识。

这种专注和认知就是创造力。它无处不在，甚至就在你阅读本书的此时此刻，你就可以运用它。我们自欺欺人地认为创造力存在于别的地方——在电脑里，在洛杉矶，在超级明星的汽车里，在东京，在发光的电视屏幕上。事实恰恰相反。创造力从"你"开始，当下就是创造力产生的时刻。

利用你已经掌握的简单方法开始激发创造力，不要试图拖延并放弃你的责任，现在就开启你的探索之旅吧。

在我看来，创造力更像是货币，或是日常的呼吸。你所面对的不是高高在上或晦涩难懂的东西，而是我们每个人的日常所见所闻。

创造力
开始。

从 "你"

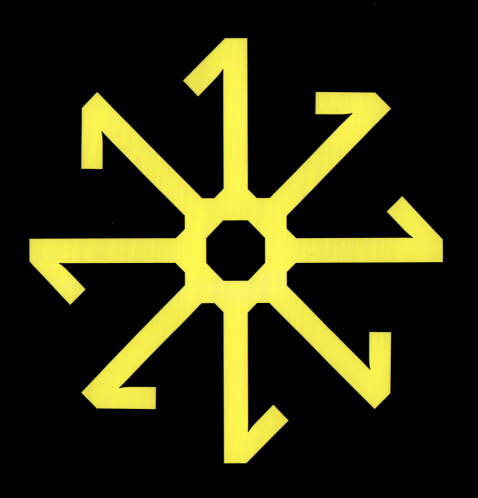

第1章

拥有从头开始的勇气

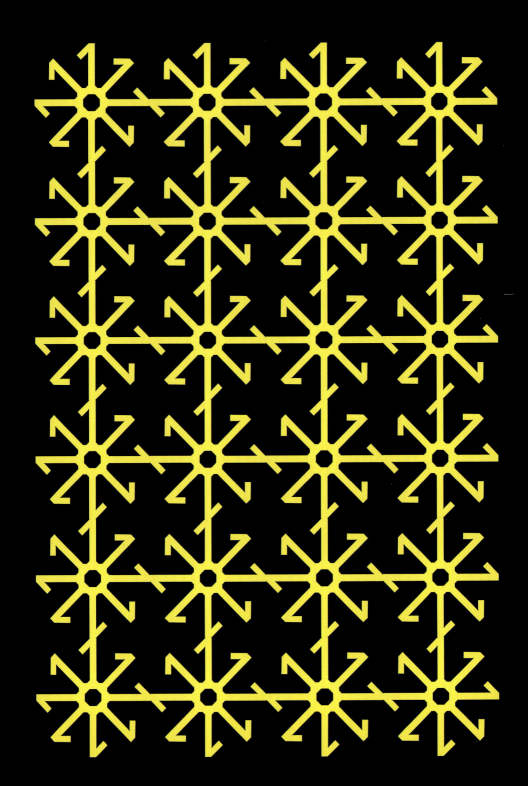

我的处世哲学是，"开始"就是每一天，"开始"就是生活。我们总是可以选择何时"开始"。因此，你可以有意识地在每次行动、每个项目中都融入"开始"的意识。

本章是本书的第一部分——关于"开始"。

简单地说，你该如何"开始"呢?

你很容易对"开始"感到恐惧。你可能会因为自己未能拥有的东西而感到困扰——没有完美的工作室、理想的电脑、合适的项目……这些条件都不具备，因此你认为自己无法"开始"。

这是一种自我防御机制。也许在潜意识中，你并不是真的想"开始"，因此你会从周围的环境中寻找借口，把自己的焦虑归咎于某个因素。

请注意，万事开头难。起步阶段要稳，你需要明确方向。

不过，你可以运用一些策略来克服起步阶段的焦虑。

我的处世哲学是，"开始"就是每一天，"开始"就是生活。我们总是可以选择何时"开始"。因此，你可以有意识地在每次行动、每个项目中都融入"开始"的意识。

践行这一处世哲学，你便不会感到过于焦虑。你可以将"开始"视为一项日常行动，虽然很重要，但并非最重要的。

将反复失败和不断成功的经历融入你的创造力，使它们像波浪一样向你涌来，使你沉浸在自己的思绪中。

通过这一方法，你可以克服"开始"时的恐惧，同时保持定力，充满活力。

在本书中，我将反复提醒你思考一些问题，即你的愿望、想法、感觉和信念分别是什么。据此，当我们准备"开始"时，我们首先要讨论的是，究竟是什么在阻碍你"开始"。

第1课　践行初心理念

为了缓解起步阶段的焦虑，我会经常践行"初心"理念，提醒自己一切才刚刚开始。事实上，每时每刻你都在开始，当你呼吸时，你就已经"开始"了。

"初心"包括可能性、开放性、好奇心，即所有有助于激发创造力的品质。

这一简单的事实把我的思维拉回了现实，使我回到了当下。我意识到这些只是"纸上的文字"——不是成熟的思想或华丽的辞藻，我只能以自己目前拥有的东西为基础开始起步。

我们都会感受到阻力，这是激发创造力过程中的正常状况。每个人都觉得自己正在面对困难，事实上，这是时隐时现的创造力的一部分。

如果你无法激发自己的创造力，你可以试试下面的练习，把"初心"转化为实体的东西。

✦ 练习

深吸一口气。

然后呼气，同时在纸上写字，不要固化

思维，试着以不受控制的、流畅的方式，写下几类词语：形容词、颜色、感觉。写到你需要再次吸气为止。

然后看看自己写的内容——你有什么发现吗？

即使你看不懂自己写的内容（这往往是我们的恐惧所在，通常我们认为写下来的东西必须要让人一目了然），也不要担心。

最重要的是，你已经开始行动了。恭喜你。

这个练习之所以有效，是因为它将你的产出限定在微小且可实现的东西上——你的呼吸。它没有占用你过多精力让你无所适从，并且你很容易做到。

这是起步的一个重要部分——我们有时没有成功，是因为我们开始创作时计划的事项过多，项目的规模过大。

因此，我建议你利用身边显眼的事物来做一些小的尝试。

不久前，我在都柏林，为第二天的讲座做准备。傍晚时分，我在这个繁忙的城市里闲逛。在一片沙地公园里的空地上，我发现了一些蓝色的、大小不一的塑料水瓶盖子。我拾起了这些瓶盖，这种收集行为是开始创作的形式之一。

我带着这些东西回到了酒店房间，把它们一个个地放在桌子上，同时在心里想着"水""即兴创作""流畅性""参与"四个词语。

因此，我在本书中谈到的"开始"，指的是最小的、有意识的行动——一种自我的表现，一个与自我有关的实验，目的是要找到自然状态。

> 窗外的风景
> 你的影子
> 墙上的一个标记
> 房间的尺寸

利用你周围的任何事物，通过觉察这些事物来开始你的创作。在我的理解中，觉察便等同于创造力。当你自己的创作力与视线内的事物无关时，你便把创作的责任推给了别人，创造力自然会离你而去。通过觉察，你可以重新掌握对创造力的控制，并激发自己的创造力。

不重要的项目

完成不重要的项目是否意味着我们的创造性工作没有宏伟的目标，显得无足轻重？难道我们的工作从本质上讲毫无意义吗？

并非如此。

束缚我们的一大观念是，创造性的工作一定非常重要。然而，我希望你能反过来想一想，从小事做起，从不重要的项目做起。放手去做，不要过多思考事情的意义。在没有获得任何成就感的阶段就迅速着手去做。

有时，我们过于看重结果，认为只要创作就必须取得成果。我并不认同这样的观点。我认为，创作是一个过程，是一项具有延续性的长线工作，项目是大是小、是重要还是次要，这些都不是最重要的。我们可以在这个过程中捕捉到一些东西，把它们串联起来，形成一个作品，然后提供给别人（一场表演、一个产品、一次活动、一份文件）。但这个创作的过程并没有就此结束。能够体现这种做法的一个例子是我的记事本。我随时将它带在身边，里面记录的并非都是完结的观察记录或详细的想法，而是下列内容。

草稿	☐
涂鸦	☐
电话号码	☐
虚线	☐
一张膏药	☐
画圈的词语	☐
支出	☐

这些都是不起眼的、毫无关联的东西，记录了我对世界的看法。每一样都是特别而又独立的。随着时间的推移，也许这些东西会串联成更重要的东西。但就目前而言，它们只是碎片而已。每次我在记事本上动笔写内容时，我都是在"开始"并积极践行"初心"理念。

从小事做起，从不重要的项目做起。放手去做，不要过多思考事情的意义。在没有获得任何成就感的阶段就迅速着手去做。

+54 7969 435

44 7900 250

+60 7300 490

+44 7376 435

+65 7453 900

+1 212.539.2521 +1 114.162.1725 +1 133.199.1673 +1 21

+90 7700 496

第2课　减少条条框框

起步阶段的优势在于，你可以随时随地"开始"。因为你保持初心，所以可以用新的眼光来看待事物，包括那些老成的观察者注意不到的部分。

你可以观察：

> 一辆汽车
> 一座天桥
> 一扇窗
> 一朵云

你要看到一个事物的本来面目，单纯地观察它的本质，摆脱惯性思维（对于过于熟悉事物的印象）。

记住，让你的观察像呼吸一样自然，不要过度考虑它是什么或者别人怎么看待它，你只是在做记录而已。

有一个方法可以让你把刚刚学到的这项技能派上用场，那就是将你的观察记在记事本上，这样，这些记录就成了你新的专业知识的仓库。

有效利用这些记录，你会获得成长。

然而，大多数人不会把他们注意到的东西记录下来。人们依靠大脑（这个不完美的载体）来记住自己脑海中出现过的想法。这些想法就像梦境一样，在醒来之后便会烟消云散。

记事本则能将你那些独立的、私人的、大胆的想法妥善保存。记事本上的内容如同你的态度："创造力是我毕生的追求，我一定会认真对待这件事。"

记事本是创造力的引擎，它可以创造奇迹。

如果我们要为创造力制定一项规则，那么创造力 = 实干，而记事本就是实现这一目标的载体。记事本能激发创造力。

✛ 练习

马上去买一个便宜的记事本和一支笔。不要在意质量，事实上，越便宜的记事本和笔越好，这样你才不会因为写错、划掉内容、笔记混乱或是写了不成熟的想法而感到有压力。

随身带着它，写下你看到的东西。利用上一课中的呼吸练习，不断写下词语、短句。你的记录可以不用有任何特定的内容，只是做好针对反思、感受和观察的记录。

把它们全部记下来。

潜水艇橙子

你可能会惊讶地发现，得到一个想法如此轻松。

我经常为商业界的人士上课，教授他们获得灵感的新方法和激发创造力的技巧。

在第一堂课上，我经常要求他们做一个非常简单的游戏：

> 选择一个颜色
> 命名一次经历
> 写一个关键词

有时，参与者对这种方法持怀疑态度。我告诉他们，"艺术家就是这么搞创作的"，但他们并不相信。然而，当他们把这些小元素拼凑在一起时，或把一种颜色写在所选单词的旁边时，他们就会灵光乍现，发现一个他们从未注意到的叙述角度。

然后，获得创意就显得顺理成章了。

✚ 练习

用记录的方式开始创作。这个方法既便宜又简单。尽量用A6纸来替代A4纸。这样，能写字的地方更小，可以让你精炼自己的语言。每天写满一页A6纸，使用不超过50个词语。这样做不仅更轻松，而且会给你带来一种成就感，觉得自己每天都有小的进步。

在最近一次现场授课中发生的事可以作为一个很好的例子。当时，我正在给一群视觉艺术家上课，他们每个人都在寻找新的想法来激发自己的创作。当我要求他们提交反馈时，一个人迅速在纸上列出了一些想法。词语与词语的碰撞产生的效果是惊人的。

我让他停下来看看纸上的"潜水艇橙子"一词，这是他清单中两个独立的词语连在一起构成的。我指出这是一个多么好的标题。我问他，这个标题是否能派上用场？

我让他意识到实际上由他自己写下来的却没有注意到的内容：潜水艇橙子。

利用记事本记录内容是觉察的方式之一，运用这种方法可以使想法跃然纸上，你可以一眼"看到"新的创意点。如果你注意到了自己写下的"潜水艇橙子"词语，就会想道："没错，这是一个好题目，是时候围绕它展开了。"

此外，将"减少条条框框"的理念延伸到其他领域。用你的A6纸大小的记事本记录下"微小的事物"，例如，无关紧要的观察、小插曲。

要以你自己为中心进行记录，用你自己的眼睛去观察事物。

A4

A6

A5

记事本是引擎，它奇迹。

创造力的
可以创造

第3课　想法的突变

你需要考虑的另一个问题是，如果你不开始创作，你的想法就永远不会变成创意。它只会停留在你的脑海中，而不会得到进一步发展。

想法的改变是一件积极的事情。只要我们开始创作，有些东西就会发生改变。我们最初那些固执的观念会发生变化，我们的情绪也会发生变化，我们会变得更愿意接受新信息。你应该开始关注真实的、实际的东西。

> 身体
> 其他人
> 金钱
> 局限性

如果你做不到这一点，那么你的想法将永远不过是纸上的一行文字罢了。

因此，我们必须让自己的想法变得成熟，让自己成长起来。如果我们仅仅死守着自己的一个想法举步不前，那么我们将不会克服挑战，也不可能收获个人的成长。

这很重要。

在去年的一段时间内，我专注于记录自己晚上做的梦，并成功坚持了6个月。这不是理论见解或纸上想法的记录，而是一段费时费力且难以实现的过程。

我会让自己在夜里醒来，记录下刚刚梦到的一切。

6月之期已满，我停止了记录。然而，几个星期后，我仍然沉浸在自己的夜间梦境中。我梦见了一个连标题都取好了的项目"ESPELIDES（支出）"。第二天，我把这个想法写了下来，并决心要做成这个项目。

如果没有这些夜间记录，我想我就不会梦到"ESPELIDES"这个项目。这次记录为创意产生提供了条件。

我对梦境的专注和定期的记录，使我能够放弃控制——一旦我置身于这个过程之中，新的想法就会不可避免地自然显现。

07:00			08:30			15:00		19:00	
01	02	03	04	05	06	07	08	09	10
11	12	13	14	15	16	17	18	19	20
21	22	23	24	25	26	27	28	29	30
31	32	33	34	35	36	37	38	39	40
41	42	43	44	45	46	47	48	49	50
51	52	53	54	55	56	57	58	59	60
61	62	63	64	65	66	67	68	69	70
						77	78	79	80
						87	88	89	90
						97	98	99	100

✚ 练习

　　设计一个你能每天坚持做的活动，并且每天记录 1到100个词。有规律地执行很重要，试着在一天中选择一个固定的时间段记录并坚持下去，例如：

> **早餐前**

> **坐火车或其他交通工具时**

> **排队时**

> **下班时间**

这种每天坚持的记录活动会让你充满干劲。

黄色摩托车

我在本课的标题中使用了"突变"一词，是因为我喜欢这样的想法：创意产生于突变——就像基因突变，生命从一种形式转变为另一种形式。

这就是我激发创造力的方式：随机词语之间的联系带来了可能性。创造力很少在整齐划一的状态中产生，而是在混乱、分裂和错误的状态中产生。

✚ 练习

在你的笔记本上试试这个方法。把一系列的词语集中在一起（随机选择的名词和形容词）。

从中选择4个词，做进一步的加工。

努力把这4个词组合到一起。

用这4个词编写一个故事，找到一种感觉，创作一幅图画，或设计一段对话。

例如，如果这4个词是：

> 摩托车

> 黄色

> 西方人

> 时尚

你如何将这些词联系到一起呢？是否是"一辆黄色的摩托车出现在伦敦的T台上"？

如果是这种组合，它能用来表达什么呢？

一种新产品，一种沟通方式，一种想法，还是一种不同的语言？

摩托车一词使这些想法变得活跃起来。

我的记事本中的各种想法很少是完全成型的概念。

这一点很重要，大多数富有创造力的人都会使用拼接图片的最小碎片，利用微小的元素搭建成熟结构。

不要轻视微不足道的东西，它如同思想的种子。想象一下基因突变，它就像有机植物材料一样，随着时间的推移而变异。这样的创造力不是必然产生的，也不是死板的、稳定的可交付成果，而是意外的、偶然的产物。

最近，我正在看20世纪70年代的电影《疯狂轮滑》（Rollerball），我留意到记分牌上由发光的LED灯显示的队伍名称看起来像产品名称一样。

> 休斯敦 马德里

> 休斯敦 纽约

> 休斯敦 东京

我脑海中突然灵光一闪，我想："这可真是个好点子。"

航班	时间	目的地
VQ 326	05:34	阿姆斯特丹
EP 326	05:45	巴黎
RS 326	06:05	巴塞罗那
BA 326	06:20	东京
IQ 326	06:40	纽约
JV 326	07:00	伦敦

+ 练习

留意一些奇怪的词语组合，它们比较容易出现在这些地方：

> 火车站的公告栏

> 收银条上

> 报纸上的新闻标题

> 路标

看看你是否能发现一些不同寻常的词语排列组合。试着将它们带来的创意用于构思标题、优化工作方式、改变基因代码。

偶然性可以帮你摆脱陈词滥调，避免写出司空见惯的东西。当你下班坐车回家时，从你周围的环境中选取素材：一个词语、一些数字、一个标题、几种颜色。在大脑中整理它们，看看它们能给你什么启发。

第4课　获得创造力前的失败和成功

所有项目的成功都源自将想法转化为现实的尝试。在想法变为现实的过程中遇到的困难，是创作的一部分。

我们不愿意"开始"，是因为我们常常害怕困难。人人都害怕困难（这并不奇怪）。

但这并不意味着我们不能通过把困难以化整为零（优先搞定更容易解决的零碎的小困难）的方式解决。

"开始"意味着直面困难，意味着我们不再逃避，也不再拖延。

我们选择现在就直面困难以及困难给我们带来的所有恐惧。

当然，一旦我们这样做了，困难就会消失，就如同它从未存在过一样。当我开始动笔写字时，困难就消失了。然而，如果我们始终不"开始"，我们就会陷在对困难的恐惧中不得解脱。

想象一下，如果我们一直不付诸行动，我们将付出何等的代价。

✛ 练习

选择"开始"，并保持这种开始的感觉，坚持10秒。

深呼吸，感受思维受到禁锢。

然后觉察是否有什么东西穿破禁锢：脑海中浮现一个图像、一种颜色，或产生一种感觉？

尽可能长时间地保持这种感觉，然后把它写下来，尽可能详细地描述它。

在自我的核心地带，你会找到应对挑战的答案。

所有项目的成功都源自将想法转化为现实的尝试。在想法变为现实的过程中遇到的困难，是创作的一部分。

耐心的艺术

在当今世界，人人都想立刻得到答案。人人都想马上开始，随即获得成功。

然而，我注意到，"起步阶段"有时会持续很长时间，甚至可能需要几年的时间。也许你想创造一套词语、建立一种风格、投资一个项目、持有一种态度，然而，这些行动可能需要相当长的时间去做准备。

你要有耐心。

在我的个人经历中，二十到三十岁是一个实验的阶段（充满了失败和成功），鲜有拿得出手的作品。然而，在这段时间里，我学到了很多东西：如何在缺乏他人支持的情况下创作，如何开发个人项目——我不得不从在自己周围发现的零星碎片灵感中寻找创意。

体现这种个人方法的一个很好的例子

是我对架子的使用。

一开始，我用一家著名的快餐店的咖啡杯架作为架子来放置我剪好的图片。那时候，即使消费者消费金额很少，这家连锁店也愿意免费赠送这些物品，所以我积攒了很多咖啡杯架。

这些咖啡杯架质朴无华，和我的各种奇怪图片放在一起，有着某种独特魅力：一种电影《三分钱歌剧》（*Three penny Opera*）的恶搞精神。

直到后来，我从中发现了一个包含所有想法的创意。

所以，要心存怜悯，要体谅自己。只有经历过不易的创作过程（见第2章），你才会平淡地看待它。

请记住，真正的艺术家会把自己的整个生命都当作一次实验。

✚ 练习

下面是一个使"开始"变得不那么艰难且更有价值的方法。

将你的项目拆分成100个要素：一个人物、一段描述、一种感觉、一个场景等。每一次只记录一个要素，不要去思考整个项目。

将这些要素记在A6纸大小的记事本上，

再将其贴在墙上，直到把能贴的地方都贴满。一旦你能把这些要素组合起来，你就可以在项目整体上下功夫了。然而，在这之前，你只需要做好充分准备。置身于该项目之中，不要游离在外。

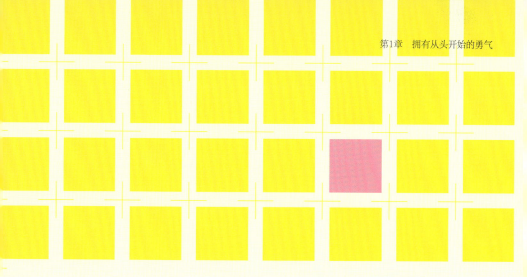

创造力与失败有关，这个练习也是如此。当然，这些失败都过于渺小，不为公众所注意——公众看到的只是出版完的书籍或展览这样的彰显性成果。只有你自己才能体会其中日复一日的困难。

创造力与每天都会发生的小失败或小成功有关——不会发生可怕的灭顶之灾，而会带来简单的日常进步。我觉得创造力带来的结果就如同海浪一般，它们有时汹涌澎湃、排山倒海，有时会催你进入梦乡。

写作	☐
一次写500字	☐
潦草地写下一些文字	☐
一天画一幅画	☐
向前迈进	☐

这种跌宕起伏的状态可能一天会出现一次。

因此，如果你正在做一个项目，要注意失败或成功给你带来的强烈感受，这种感受可能每天都有。你还可能会在短时间内接连体验失败和成功。

这很正常。

就个人而言，我喜欢把一天的创作看作我整个职业生涯的缩影。在每一个24小时里，我都会体验到喜悦、缺乏灵感、无聊和成功等。

这让我一直脚踏实地。无论我正在经历什么——灵光闪现、困顿不堪、度日如年、欣喜若狂——都是应有之义。

工具包

01

每一天，从认真书写每一页笔记、执行好每一个项目开始。

"开始"并不总意味着恐惧，"开始"也可以意味着好奇、进取、娱乐或期待。

勇于"开始"是一种内在品质，它是可塑的——哪怕是在大街上，你也可以利用周围的事物来激活这种品质。这样一来，你就不会感到孤立无援。创造力的开端是某种物体，是一切，是整个世界。

02

你不需要大量的素材就能得到一个创意——更重要的是你对小事件的掌握，它会给你带来启示。这种方法的载体是 A6 纸大小的记事本，使用它能够激励你去记录，去创造。

让自己专注于记录，它会为你打开一扇窗。

觉察是一种积极的行为，它会使你关注周围的事物，一旦你开始留意它们，你就可以有意识地获得创造力。

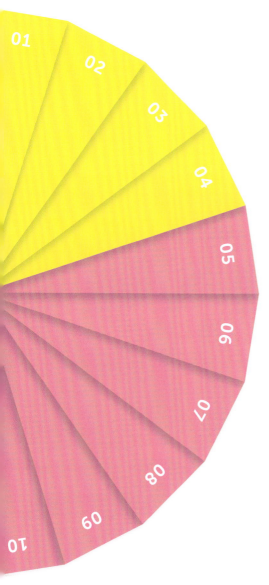

03

创造力 = 行动。

行动是进入新领域的唯一途径，如果你不把一个想法具象化，那么想法就永远只是想法。你将停留在概念层面，你的创意也只是纸上谈兵。

对行动的专注会为你的创作过程带来变化。如果你充满热情地记录那些偶然的、一闪而过的创意，那么你将置身于创造力中。

04

行动必然离不开尝试。这可能会遭遇失败，但不要担心，失败和成功是获得创造力的重要组成部分。没有失败就没有创造力。

每一个24小时里都包含着激发创造力的要素——喜悦、缺乏灵感、无聊和成功。

虽然激发创造力的过程常常给人的感觉是走进了一条死胡同，但我们要坚持到底。

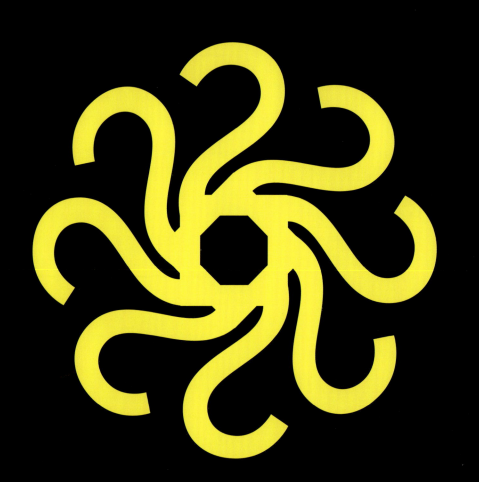

第2章

重要的是过程

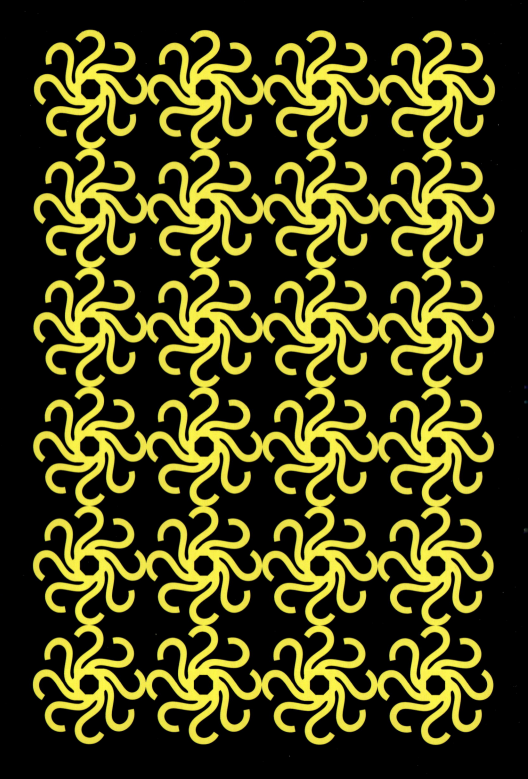

不要害怕认识自我。你的缺点，比如你不完美的眼睛，实际上
是你最大的财富——因为它们使你看到的与其他人截然不同。

本书的第2章讲述了过程。

先问一个简单的问题：你现在拥有什么？

有时你认为自己可用的资源很少，但过程会推动你审视空缺的地方——它让你看清，即使在看似什么也没有的地方，也会有内容存在。

事实上，一个空白的页面是非常有用的资源。它是一面镜子，可以照出你自己。

过程是一种工具，促使你思考真正发生的事情，能把你看到的东西反映到你当下的创作之中。它不帮你幻想创造力是什么样的，它不依赖对未来的占卜，它只与现有的、实实在在的事物在一起时才能发挥作用。

透过自我，你可以把你看到的世界的一点一滴记录在你的笔记本上。

不要害怕认识自我。你的缺点，比如你不完美的眼睛，实际上是你最大的财富——因为它们使你看到的与其他人截然不同。人们往往害怕这种独特性。我希望你能明白，独特的视角并不可怕，事实上，它是所有创造力的基础。

培养敏锐的洞察力——这是我所知道的激发创造力的唯一方法。树枝、泥土、火车轨道、垃圾……在寻找新想法、新创意的过程中，让这些事物成为你的朋友。

无须什么精妙复杂的工具，只要你有了自己的想法，一切就会水到渠成。

第5课　写下来才有意义

乐观的

好奇的

过程就是此时此刻你内心中所感受的一切，无论你处于下面哪一种情绪之中。

好奇的	☐
消极的	☐
热情的	☐
无聊的	☐
乐观的	☐
敏感的	☐
开放的	☐
迷茫的	☐

当下这一刻永远是激发创造力的最佳时刻。如果你没能抓住它，还沉浸在其他幻想之中，那么能量往往会消散。

拿出三张纸，在每张纸上写下一个简单的词。

对于你现在的处境，哪个词的描述最为贴切？

不要过多思考这个问题。迅速写下你最先想到的三个词。观察它们是主动词语还是被动词语，是否能糅合成一种情绪还是互不相干，是代表着一种思考还是感受。

然后，迅速写下进一步的想法——现在，你已经进入激发创造力的过程中。

为什么这个练习很重要？

因为这个练习非常有效，它能让你回归到关于创造力的思辨。

> 你看到了什么
> 你感受到了什么
> 你听到了什么

创造力促使你将这些内在的想法和情感反映到纸上。

创造力不是一种脱离你本身存在的独立的力量。它就是你，在你日常激发创造力的过程中所面对的所有困难和挑战。

消极的

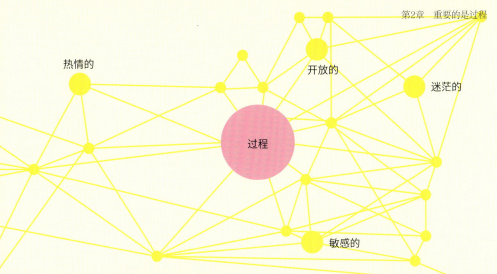

因此，当你留意到一朵云时，看到人行道上的一片尘土时，感受到幸福时，瞥见手中咖啡杯里气球的倒影时，或想到一系列的颜色时，你就已经身处激发创造力的过程中了。这是另一个版本的"三个词语"练习。所有这些观察都是你创作的素材。记录这些想法可以让你保持与自我的联系，也可以让你意识到以前从未发现、关注的事物。

如果创造力是你对周围事物的认识，那么把这些观察结果记录在记事本上的做法会使它们变得更加真实可靠。

混乱的重要性

关于聚焦过程，我发现一个简单的方法，就是列清单。

这些在纸上竖着排列的一串串词语是你脑海中浮现出来的想法，使得成熟的文

重要的是要看清近在眼前的事物。

前一段时间，我在马德里授课，当我离开研讨会现场，走向地铁站时，发现人行道上满是落下的植物种子。我想：我们不需要到火星上寻找新奇的东西，因为"火星"就在这里，在我们体内，在我们目之所及的每一个地方——在尘土中，在人行道上，在夕阳下。

在地铁上，我立即在我的记事本上写下了偶然间冒出的如下感触。

> 短暂的事物

> 使用所有能利用的东西

> 拉近与它的距离

> 现在就开始

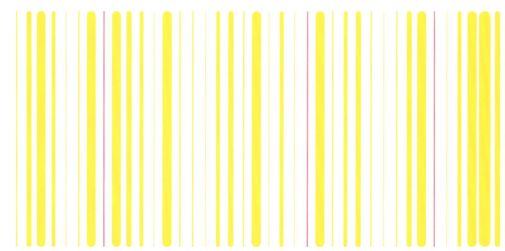

字和图像呼之欲出。

不用太深入地思考，你就可以迅速、不假思索地列出这些清单。它们就像掷骰子、拼拼图，或处理概率问题一样——能无意间显露出一些你内心的想法。

你的清单可以是一个标题、一项指示、一个名称或方法的清单。

下面的例子来自我的记事本：

> 慢慢地亮起来了

> 整个

> 第一步

> 双手

> 空白（你的愿望是什么？）

> 接受

这个例子说明了我们所列的清单可以多么的不完整。创作的过程是非理性的，然而，通过每天收集材料，你可以使其发挥作用。记住，你不是在寻找新的东西，也不是在搜寻稀奇古怪的东西，你只是在详细记录自己身边的日常素材。

重点是这些素材中的大部分内容可能永远也不会成为最终的创作内容，但它们能够推动创作进程。一旦你开始记录，你就会惊讶地发现，你的创作已经开始成形了。

这是你一个人的事。

这一过程还会让你明白，只要你坚持下去，万事万物都会变得很有趣。然后你会发现，即使是最平淡无奇的素材也包含着概念或形式上的奇思妙想，可以用于创作。

我总是惊讶于可以从不起眼的材料中积累多少东西。事实上，那正是我经常关

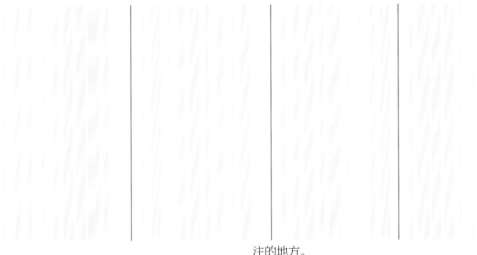

在筹备自己的个人展览"暮色（Dusk）"时，我特意去各种废弃的地方记录黄昏时光线的变化。随着时间的推移，摄像机一直在运行，在观察和等待的过程中，我记录了自己的感受。

这就是纯粹的基于过程的创作——描绘自己的内心。我们以为创作还关乎其他东西，但实际上它只关乎我们的情绪。

当我回头看《暮色》的录像时，光线的变化如同跳动的脉搏，一瞬间，我好像听到了自己的心跳声。

城市中空旷的空间是创作丰富而深刻作品的完美场所。

注的地方。

最后，记录是很重要的。

我们很容易忘记这一点，放弃动笔，退回到精神层面的创作，停留在抽象思考的状态。

遗憾的是，这种做法永远都不会奏效。正是在电光石火间，笔在纸上以难以捉摸的、不可预测的、即兴的方式写下的内容使得创作灵感成为现实。

不论你身处何方，创作的过程总会将你引向正确的方向。你可能会有许多最终没有实现的想法（这很正常），但是，做记录使你为正确想法的最终呈现做好了准备，其作用不应该被低估。

创作的过程发生在你在纸上记录的时候，而不是在平静回忆的时候。因此，混乱才是最重要的。

第6课　心灵照相机

聚焦过程需要你把视野从外部世界转向自己。不要将自己的内心尘封起来，要多关注自身，聚焦于内在，只有这样你才能从不同的角度看待外面的世界。

事实上，因为你关注自身，而且具有好奇心，所以你与周围事物的联系会更加紧密。

我把这一方法称为"心灵照相机"。

当你缺乏灵感时，试着将镜头对准自己，记录你脑海中发生的事情。

你看到了什么，又注意到了什么？

用"心灵照相机"进行记录。

人们常说眼见未必为真，因此我们在寻找创意时常常忽略自己看到的景象。但这些最初的、未成形的、基于直觉的记录通常是激发创造力的最佳方式。

相信你的想象所依赖的东西是有用且重要的，它显示的不完美其实就是你自己。依照这种理念，直觉、自我和创造力实际上都是一回事。

所以，即使你看到的是下面的事物：

一条隧道	☐
用过的汉堡包装纸	☐
破损的灯具	☐
日落时的窗口	☐

它们对你来说都是聚焦过程中所看到的现实，不应该被否认。例如，想象一条隧道把你引入地下，使你进入无意识状态，或者夕阳提醒你可能产生的结局，感知到的结束。对于任何观察，你都可以进行此种既基于真实事物但又有进一步探索空间的想象。

这样一来，万事万物都会成为你创作的素材。

因此，我所说的"照相机"，是指任何你可以相信的有意识的观察方式：清醒的、真实的、有感知的。鼓励自己记录，相信自己看到的是激发创造力的关键。

我们常常功败垂成，是因为我们把激发创造力的时间限定在我们觉得自己应该有想法的时候——在会议室里，在办公桌

创造力无关乎客观存在的现实，而在于你如何透过自己所有古怪和混乱的想法去发现它。

前，在工作项目中——这些是我们释放创意获得报酬的时间。这种做法把激发创造力的时间缩短到了每天的区区几分钟。

灵感的产生方式是随机的——可能来自随时随地不经意间的"无心插柳"，例如在街上排队时。灵感就像热狗摊上的炸洋葱味、汽车尾气或香烟的烟雾，它们一天24小时都弥漫在这个城市中，而你只需要"呼吸"。

每样东西都会短暂停留，如果没被人记录下来，就会迅速消失。你需要为它们创造"替身"，这个"替身"就是你对它们的看法，源自你的想象，是你用自己的"心灵照相机"对它们的独特解读。

当然，因为根本就没有人看到，所以大部分事物的"替身"都湮灭了。但每一件事对你来说都是创作的"燃料"，可以被记录在你个人的作品之中。

试着随身携带一个记事本，记录这些短暂存在的"替身"。要果断地把事情记录

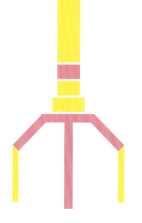

下来，内容是什么并不重要。你记录的可以是色彩、物体或某种意图，也可以是火车票上的小字——那也是你的"替身"。

疯狂的正午

依靠这些"替身"来创作是激发创造力的重要方式。事实上，抄写别人的作品，或记录你在旅途中的见闻，也是有效的做法，你能获得一些有意思的成果。例如，少年时的我为了模仿 J.D. 塞林格（J.D. Salinger）的文风，改写了他的《弗兰妮与祖伊》（*Franny and Zooey*）中的一些段落。

我"消化"了塞林格的作品，并通过"转移魔法"，获取了他的灵感。你可能会担心自己没有原创的想法，担心一切都已经有人做过了，担心所有的途径都被封锁了。不要担心，你只要把看到的东西手抄下来就行，这就是一个转化的过程。

你由于拼写错误造成的无心之失会让"经典作品"变得更具现代感，也许这更适合你，比如"疯狂的正午"（*A Frenzy Noonday*）（由《弗兰妮与祖伊》的字母重新排列后形成的短语）。

我在为企业客户完成创意工作时经常使用此种文字实验。这些微小的、颠覆性的元素的奇特之处在于，它们能让客户跳出他们原有的商业观念，鼓励他们用游戏的心态看待问题。

把你的创造性工作想象成你的手臂，它可以帮你灵活地收集信息。

这种实验性的创作给了你采取这种方法的空间。与其在一系列战略行动中按时间顺序横向工作（从创意到成品，再到出版），不如尝试实验性创作，它能打破空间的连续性，让你收获意想不到的东西。

把你的创造性工作想象成你的手臂，它可以帮你灵活地收集信息——就像你在游乐场看到的抓娃娃机里伸向毛绒玩具或钥匙圈的机械爪子。

这些手臂向你索要实验数据，去除常见的陈词滥调，然后将剩余数据记录在你的记事本上，这些记录就是你的奖品。

因此，不管你记下了什么，都要努力让它内化成为自己的东西，比如：

> 跳跃

> 独特的奖励

> 可修改的陈词滥调

> 爪子

这就是一场创作过程指引你一直玩下去的游戏。

创造力不是
自身而存在
它就是你。

一种脱离你

的独立力量，

第7课　颠覆习惯

有些人可能认为你的"心灵照相机"捕捉到的东西是错误的，他们或许会说你的照片失焦了，或者方向不对，上下颠倒了。当这些批评者阅读你的记事本时，他们只能看到潦草、杂乱的记录。

然而，杂乱才是真实的创作过程应有的特征。这些错误往往是创造力的基础，是创作过程中各个瞬间的浓缩。它们让你超越了习惯性的套路，将你带入一个能以不同角度看待事物的地方。

因此，不要在意其他人的看法，要关注错误发生时的情况。在大多数的创作中，我们都在无意识地复制我们在其他地方——电视、广告、电影——看到的创意。事实上，90%的创意作品都来自这些领域。这些套路迅速地在我们的深层自我中扎根且很难转变。

因此，当你看一些东西时，你并没有真正用自己的眼睛去看，而是透过文化的眼镜，受人操控地用3D眼镜去看的。这使得你很难从新的视角去看待任何事物。

在努力颠覆习惯的过程中，你可以尝试以下练习。

+ 练习

当你坐在办公桌前时，挪动你的椅子，让自己离电脑屏幕远一些。现在开始启用你的"心灵照相机"。

你看到的第一个图像是什么？

把你的想法记录在记事本上，将这一想法具象化。

干得不错。你已经远离了正向的、平凡的、按时间顺序排列的东西，靠近了逆向的、颠倒的、相反的东西。

现在，你至少有机会成为原创者了。

这个小小的"移动动作"可以让你快速进入内在自我的状态，从而加快创作的进程。事实上，这种身体干预可以通过提高敏感性和自我意识来发挥创造力。

我经常使用这些根据格式塔心理学（Gestalt Psychology）自创的方法来加速改变——身体超越心理，短暂地压制自我，允许一系列小错误发生。

快学起来吧。

黑色胶带贴成的"X"

增加身体动作会使你变得受人瞩目，通过转动椅子使你自己背对屏幕，你采取了一种更加张扬的态度。

我最近在伦敦的一块荒地上有过一次特殊经历。我注意到一座新建大楼的窗户上，玻璃内侧贴着黑色胶带，构成一些巨大的"X"形状，这使得布满灰尘的玻璃外表面像一个放大的摄影相册，上面有个图像被划掉了。

我用在人行道上发现的一块灰色空心砖画了一些"X"的图案，那块砖头对我来说意义非凡。然而在我周围和远处卡车里的施工人员都用奇怪的眼神看着我。

我感觉自己就像一个异类，但也明白我当时的感受可能更重要，所以我尽可能抑制住自己的不适状态，直至离开。这个过程提醒我，身体力行地走出充满惯性的现实世界，可以激发我的创造力。这一点在城市的街角、荒地就可以实现，而你只需要停下来仔细观察。

你可能会反驳："但是，如果我不像你那样勇敢怎么办？如果我羞于展示自己怎么办？"

事实上，创作需要你活跃，需要你勇敢。写作是探索自我的最佳方式，如果你比较羞涩，你可以在纸上做实验。

＋ 练习

试试下面这个练习。

想象你身处一系列让你极其不习惯的环境：

> 陌生城市

> 荒废的校园

> 天体海滩

> 森林

> 原始沼泽

> 机场

> 酒吧

> 公元前

记录所有让你感到无法忍受的东西。

写一些与这个地方相关的句子——你往往会发现，你记录的东西与家庭相关，是更有生命力的东西。通过让自己沉浸在感觉不适的地方，你会有意外收获。例如，如果关于"森林"的描述体现了你对未知的恐惧，那就把这个元素加到你的作品中，尝试在你的创作过程中掺杂进一部分无序或不可言说的东西。

我喜欢用这种反其道而行之的方式，使我的恐惧感成为作品的一部分：不是隐藏起来的，而是可见的、活跃的以及能被他人感受到的恐惧感。

我会这样挖掘自己的潜力，直到自己完全无法忍受为止。

第8课　碎片与创意

创造力与专注、觉察密切相关。因此，每一天你都要观察这个世界，包括周围的事物、路上发生的事件，以及这个世界的各种碎片信息。

首先要学会记录，将观察到的东西写到你的笔记本里。

当你专注于练习的某一个方面时，比

✚ 练习

我把我自己练习的方法称为"辅助视觉"。做法如下：

花1分钟时间记录下你观察到的一切。

不间断地书写。

将目光锁定在你记录的事物上，无视其他的一切。我发现这种方法特别管用，哪怕字迹潦草到无法辨认也没有关系，仅仅把记录当作由书写主导的行动事件就好。中途不要停下来，让所有的错误自然发生。

在你能承受的范围之内，做"辅助视觉"练习并坚持1到10分钟（只要你能每天坚持练习，就能够为长期写作做好准备）。

你或许认为自己的经历是一片空白，实在乏善可陈，但是事实并非如此。当你认真观察时，你会用一种全新的方式看待事物。

时间变慢，一瞬间被拉得很长，万物似乎都在扩张。

当我在咖啡馆独自等待时，我经常尝试这个练习。在那短暂的几分钟内，我会记录下周围发生的一切。这是一种专注的观察，并且我会获得最私密也是最强烈的个人体验。

记得有一次我坐在伦敦西区的一家连锁快餐店里，这家店有面向街道的宽大的窗户，我观察着对面的教堂并在我的笔记本上做着记录，而我写的仅仅是我当时的感想而已。

有时，我都不会重复看纸上写的什么。

我还想得起来对面建筑物的名字是"圣母升天教堂"（Church of the Assumption），以及我当时的创作过程。我思考着以下问题：我之前的判断有哪些是对的？

在这片寂静中，一刹那间，我进入了创造力的世界，完全沉浸其中。

这个练习展示了你如何将到目前为止在本书中学到的技巧组合起来：

> 清单
> 辅助视觉
> 过程
> 心灵照相机
> 行动

当你激发创造力时，你并非只身处于一个领域之中，而是处于不断的变化之中，你运用着多种技能，在不同的经历中获得新的感知，正是这种练习激发了创造力。

如说"行动"，你将会充满创造力，直到关于这项活动的全部灵感都消失殆尽，之后你将对此再无任何想法。

虽然这听起来像是一种完全不可能的情况（行动怎么可能会出错？），但这在商业环境中确实是个常见的问题。

如果你遭遇困境，事情不像以前那样进展顺利，你就会有一种受到挑战的感觉。当你诉诸自己的内心时，问题往往就烟消云散了。

从色彩中获得灵感

如果你觉得自己还没有掌握上述技巧，那么你可以尝试运用颜色来进行创作。

色彩会打破界限，以直接的、无限制的方式推动着你前进。

+ 练习

快速从你周围的环境中选出三种颜色：

>高清的橘色

>不太纯净的白色

>木头的棕色

>浅黄色

>浓烈鲜艳的红色

你选什么颜色都可以。

围绕这三种颜色开始想象，不一定非要编写出一个故事，可以是一种印象——一种三种颜色给你带来的共通感觉。最终，选出一种颜色，直视它，把它拿近些，让它占据你的整个视野。

现在将你在第5课中选择的三个词与你在这里选出来的颜色组合在一起。把词语和颜色都写在纸上放到面前的桌子上。

假设你选的颜色是"高清的橘色"，而词语是下面三个：

>好奇

>开放

>犹豫不决

颜色和词语的组合对你来说有何启发？

本书第2章中的内容对你当前面对的选择有任何启发吗？

如果有，那是什么样的启发呢？

颜色

颜色和词语的组合对你有何启发?

文字处理

工具包

05

　　记录是创作过程中的一个积极部分。将东西记录下来可以使它们成为现实——想法不会消失，而是像胶水一样粘在纸上。你在记录过程中的突发奇想就是创造力的结晶。

　　这些转瞬即逝的感触，在混乱中获得的灵感，是创造力的重要组成部分，因此我们要把它们记录下来。

　　不让你自己的现实世界活跃起来，你就不可能产生创造力。

06

　　创造力不在别处，它就在你心里。

　　你用自己的"心灵照相机"记录下来的东西——不管是古怪的、混乱的、困难的还是不可言说的——都是值得珍惜的、宝贵的。我们时常听人说，这些观察不值得记录，自己根本就没有任何创造力。事实恰恰相反，个人常常能发现独一无二的创造方法。

　　这才是你应该给自己制定的目标——不墨守成规、拥有与众不同的眼光，把自己犯的错误当作对传统思维方式的一种回应。

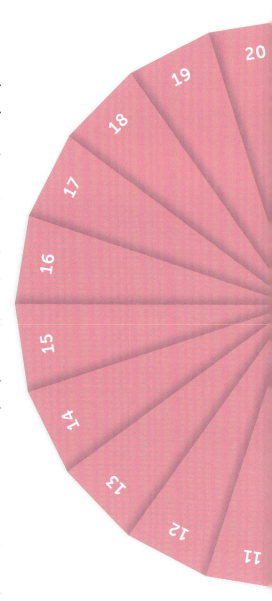

07

　　个人吸引人的程度往往和创作的过程相似。为了能用"心灵照相机"记录你周围的事物，你必须培养自己的勇气。然而，不用担心你需要做出巨大的改变，对日常的细微记录就是勇气的体现。

　　接触你不了解的东西，以更充分地探索自己。尝试做以前没有做过的事情。

08

　　本书介绍的所有技巧都可以结合在一起使用，以强化激发创造力的过程。运用清单、辅助视觉、过程、心灵照相机、行动去创造一个更大的素材库，使各种素材可以重叠、混合、相互渗透。

　　你可以将它们当作颜料，像使用调色板那样将它们融合，使它们从一种颜色变为另一种颜色。

第3章

永不止步

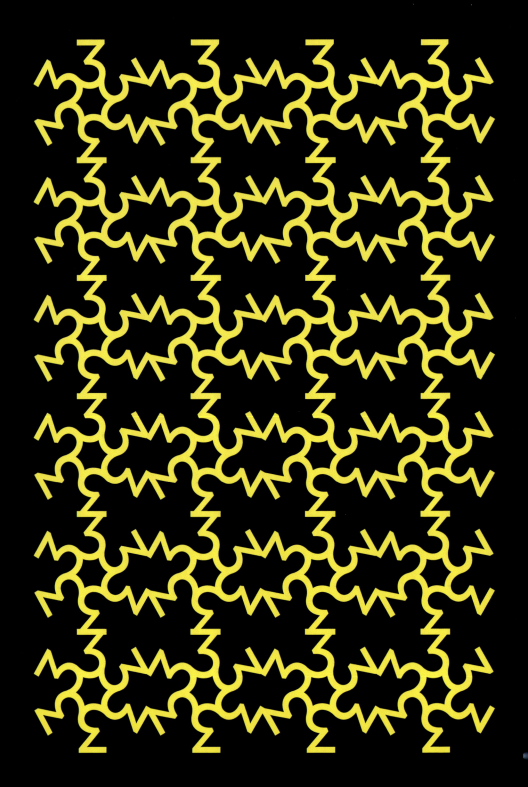

我们对顶级的创作者、艺术家的创作充满幻想，但本质上，他们每天都在为实现微小的、局部的目标而孜孜以求。

本书第3章为你提供了关于如何坚持下去的建议。这一章提出了一个非常简单的问题：我该如何培养自己的毅力？

起步是一个很大的跨越（如果我们能开始创作的话），而创作的结果（作品）和我们之间还隔着一段遥远的距离（如果我们能让其成形的话）。在这个过程中，你必须翻来覆去地研究素材，每天进行结果常常不尽如人意的创作。那么，在起点与终点之间的地带究竟发生了什么？

在此期间，你该如何坚持下去？

通常你可以使用在本书中了解到的工具——记事本记录和列清单。如果你有这两件法宝，一切皆有可能。

别担心，你能行的。持之以恒的关键在于每天完成小步骤。

这一过程并不需要我们获得想象中所有顶级创造者都掌握的那些技巧，相反，它需要的只是日复一日微不足道的、模块化的行动而已。

用你的"心灵照相机"记录所有你能轻松驾驭的素材。

这就是我写本书的过程：每天都在我的记事本和电脑上积累少量的素材。

我们对顶级的创作者、艺术家的创作充满幻想，但本质上，他们每天都在为实现微小的、局部的目标而孜孜以求。

他们不是偶像，而是同样会开车、出门倒垃圾、逛超市和看电视的普通人。

他们是和你一样的人。

第9课　持之以恒

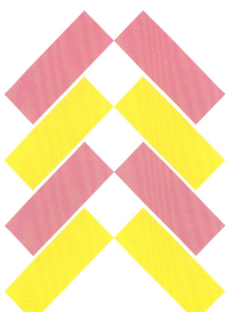
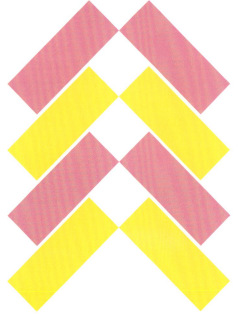

如果我想坚持不懈地走下去，我就会把注意力集中到非常细小的事物上。专注于当下这一短暂的时刻，这一严格的限制让我不用很费力便能获得创造力。

通常高强度注意力时间只有短短的10分钟。

此时，你可以精确、直接地（像削尖的铅笔）集中思考你眼前的事物。

现在让我们试试吧——花10分钟时间，记录所有你喜欢的东西。可以是文字、涂鸦、清单、草图、线条。试着不要停笔，不去思考自己在做什么。我经常发现，放空的大脑——不思考，只动手——能够推动我前进。

在每次短短几分钟的时间里，暂时放下对自我的批判。

把这种批评的心态扔进垃圾桶吧。

遗憾的是，没有任何一种超级理论能替你把创造力概念化，而无须实践，或者让你免去实际创作这一艰巨的步骤（我已经试过了，相信我）。

想获得创造力需要动手实践。手上的笔、蘸墨的刷子，这些实实在在的东西在提醒你，你在世界中的位置和你需要做的事情。

然而，这10分钟的"专注"就能让你做到持之以恒，你的水彩笔尖似乎在督促你克服惰性，冲破重重阻碍，飞速向前，最终完成下列内容。

一页笔记	☐
一个选题	☐
一次观察	☐
一项研究	☐

将这些材料串联起来，你可以获得复杂、独特的创意。

这10分钟让我想起了日本神社外面的绳结和Z字形的纸结——就像小型闪电，提醒你注意眼前的事物。

和我在本书中建议使用的材料一样，这些绳结和纸结都是由简单的线和纸制成的，没有什么特别之处。然而，如果它们被串成长串，占据空间，就会产生很大的影响——它们欢迎你进入神社。在这里，一切皆有可能。

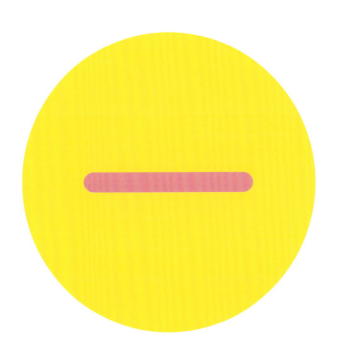

转移和模糊视线

你可能会想，这样做的结果不就是形成一堆自传性的，对别人毫无用处的个人日记吗？

没错，这些记录刚开始看起来就是这样，因为你往往不知道自己在做什么。一开始你对一件事充满信心，但几天后，你对自己拥有的创造力的幻想就会烟消云散，而你记录的东西能够让你看得更清楚。之后你达到了一个不同的水平，站在了一个汇聚独特想法的中心。

你的外部视角转变成了内部视角。如果这个练习你能坚持30天，我保证你会发现自己进入了一个完全不同的领域。

你可以转移和模糊自己的视线，从一种状态切换到另一种状态。

还有一个提示：在这30天当中，不要去回顾你自己之前写的文章、收集的藏品或制作的画作。把创作好的作品放在一个文件夹里，或者把记事本翻到新的一页。你可能会有回头看的冲动，但要忍住，只有在30天结束后才能去看你创作的内容。

同样，以这种方式，你抑制住了对自我的批判，并继续向崭新的、未发掘的事物的核心迈进。

如果你为创作"之后"的事情（展览、书籍、录像）思虑太多，那你就会感到紧张。

这让我想起我在巴西萨尔瓦多海岸外

要有耐心。

你会发现，只有当你考虑自己的创作可能带来的结果、最终的成品时，创造力才会成为一个问题，一个关于坚持的问题。

的伊塔帕里卡岛居住时的情景。一天晚上，我搭乘一辆摩的去岛上另一端的港口，我穿着短裤和浅色衬衫，双臂抱着司机，坐在摩托车的后座。当我们到达山顶正中的位置时，发现周围都是棕榈树，雨开始倾盆而下。这里就像是诗行中间的停顿，一边阳光明媚，另一边则风雨交加，我夹在中间，浑身都湿透了。

我想到了一半消极、一半积极的心态。

就像我当时的感受一样，深陷于过程中，在两者之间徘徊。

我意识到，我处在中间那一刻，没有好与坏之分——只有事件本身。当我不去想我的写作会有何结果时，当我不强调"以后"会怎样，而只是一味地去做时，我就充满了创造力。

如果你不对创作进行过度研究或过度思考，那么你就会取得更多的成就。

做就对了。

第10课　每天记录

30天是一个重要因素。30天是重心发生转移所需的最短时间——时间是转变发生的一个重要因素。

相信所有的创作只要一上手就能完成，这种想法很美好，但绝无可能实现。没有人能够在一张白纸上写出杰作，杰作需要细节的积累。

但是，你必须从一个具体的事情开始记录。

我应对这一挑战的办法是给自己设定任务，做长达数日甚至数月的一系列小练习——每天循环往复地连续积累。例如，最近，我把我和艺术家罗洛夫·巴克（Roelof Bakker）你来我往的对话记录下来，连续发了158个帖子——这场对话持续了两年的时间，如同自我的枷锁一般，是一种自传式的练习。

我并不是建议你进行一系列漫长的、具有挑战性的练习（不要贪多）。

不妨试试下面这些方案：每天花一小时摄影或者每天拍一张照片，坚持7天。或者，每天完成10分钟的静思，连续30天。

让自己刚好达到感觉可以做到的极限，进入可能做到的范围。

另外，试试自己是否能将每次练习都安排在同样的地点和时间，例如：

食堂——上午10点　　　　　　☐

公园——下午1点　　　　　　☐

地铁列车——下午5点　　　　☐

比萨餐厅——晚上7点　　　　☐

酒店——晚上9点　　　　　　☐

床上——凌晨2点　　　　　　☐

如果你把自己放在严格的环境中去"吸纳"，就像天线捕捉信号一样，你最终一定会有所收获。即使你的思想在漫游，通过你的身体重复的行动，灵感也会在这一过程中变得更加丰富。

每天在这短暂的10分钟里，你可以从更大的构思、创作的必修课、动力更足的目标中跳脱出来，回归活跃的状态。

停车入库

重复是有用的，因为它能让你放松下来。

你不需要每天都重新开始。你只需重复一个预先选定的动作，把新的文字或图像放进空出来的空间，就像把车停进车位一样。

这种做法的作用在于减少焦虑——如果你只做单一的重复性练习，你就可以习惯你的工作，哪怕接收到任何批评的观点，也可以自动将其屏蔽。

重复是实现这一切的前提。

我每天早上9点会到达自己的办公室，人在这个时间点正好处于逐渐清醒的状态，可以刺激潜意识创作，找到能让自己继续干下去的"停车位"。

于是，我发明了一个练习方法。以30天、60天、90天为周期，每天利用一段独立的时间积累专业知识，日日不辍。毕竟，如果没有长时间的倾注（每天30分钟，坚持3年），还有什么能让我坚持完成一部小说的创作呢？

我认为这些日常的仪式，这些90天连续的经历是推动创作的活动。如果没有下面这些日常活动，那么有可能什么目标都不会实现。

停车	☐
归档文件	☐
擦窗户	☐
买票	☐
清洗地板	☐

每天在同一时间完成这些工作，形成了一种复杂的轨迹。

那些源自20世纪70年代前卫艺术的行动，现在已经成为流行创意的一部分——每天拍一张照片，记录自己每顿饭吃了什么，收集你的废弃物。

你可以试着效仿乔治·布莱希特（George Brecht）、谢德庆（Tehching Hsieh）和迪特尔·罗斯（Dieter Roth）这些艺术家的做法。他们让我们明白，过程是有价值的——我们以前认为的收集背景材料和调研，实际上也是一种艺术。

任何行动，无论它多么微不足道，只要你连续重复它超过5分钟，都会把自己带入一个超越身体的更大的空间。

我正在尝试在我现在坐着的地方重复一个动作。如果我在办公桌前花一分钟时间练习反复坐下然后又站起来，那么我就会转变为一个新的我，一个可以让转变发生的"非我"。

要注意只能在你自己的个人空间练习这些做法。通过重复，你可以尝试探索一个更大的自我，一个你一直向往的、艺术家的世界。

只要在创作

好记录，就

杂的目标。

持每天进步

的过程中做
可以实现复
因此，请坚
一点点。

第11课　内心之旅

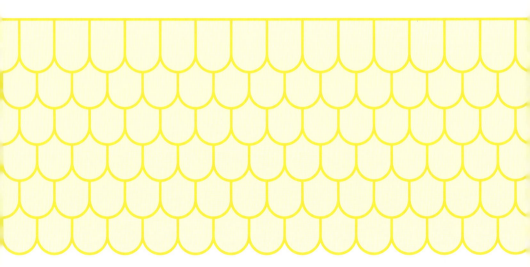

如果你在记事本上记录了几天之后坚持不下去了，如果你的决心动摇了，该怎么办？

我发现，出去走走会对这种情况有帮助，它可以使你从精神束缚中解脱出来。对着电脑工作会抑制你的潜力，而旅行能让你感受到善意，这种在你的创造性工作中被大大低估的品质。

你要走出日常惯例，接触现实世界。

在不一样的时空里，一只鸟、一声汽车的鸣笛，或一个表盘上的数字5，都会让你欣喜。这些事物能够打破你的思维定式，并将之更新成另一个更好的版本，可以在你面对困难的挑战时，为你提供意想不到

的解决方案。

也许这种深层的善意与"内心之旅"密切相关。

出去走走能让探索中感知到的善意品质穿透无情工作的内核，这些远离办公桌的冒险之旅往往能推动出人意料的解决方案的提出。

有目的的旅行可以使你恢复活力。试试下面这个练习。安排一段短途旅程（从简单的旅程开始）。

> 步行到商店

> 乘坐电梯到顶楼

> 绕街区一圈

有意识的旅行可以使你恢复活力。

> 乘公交车到下一站

这些旅程是一种"思想的伏击"。

初到外国城市的头几天，你会体验到一种错位的愉快，使你能够摘下有色眼镜去观察世界。

我会通过不用地图或导游手册的旅行来强化这种体验。然而，这扇窄小的自由之窗不会开太久，它很快就会关闭。所以请记住，当你用新的眼光去看一堆柠檬、建筑材料或一辆破旧的红色汽车时，这些原始的景色是短暂的，抓紧时间将它们记录在你的记事本上。

我到达马德里的那天正好是一个星期天，我感受到了独在异乡的外国人被人盯着看的感觉。在阿托查车站外，正好是日落时分，我知道太阳很快就要下山了，而我的尴尬和创作力也会逐渐消失，我必须和夕阳赛跑。于是，在车站外面，我和一群玩滑板的人坐在一起，一边看着当地人自拍，一边在记事本上记录，直到夜幕降临。

这些内心活动和实际的行动，就像是一种与自己捉迷藏的游戏，对"内心之旅"很有帮助。它们让你摆脱办公室和家的物理限制，接触到更加真实的现实世界。

你无法再依靠固定的套路、常规的方法。相反，在一个陌生的地方，你会感到迷失和孤独。这里我所描述的捉迷藏游戏是一种为了刺激创作而主动挑战困难和突破自身弱点的方式。

特意安排的旅程可以迫使我们以一种新的方式来处理现实问题。

戳破气球

本章介绍的这些练习方法——重复、10分钟沉思、内心之旅、30天练习、有规律地执行——为你提供了一条牵引你走向未来的生命线。

它们会不断再现当下的情景。

它们会提醒我们，自己的"旅程"会超越当下的创作时刻，创造出一个连续的虚拟内心世界，一直延伸到未来。

你永远不会被当下限制。

具有讽刺意味的是，通过10分钟的沉思，你会专注于当下，你的潜力和创造力将得到扩展，你可以超越眼前发生的事情，进入一个更大的自我空间。这貌似不可能——但试试你就知道了。我保证，你的内心世界将会极大丰富。

想象一下，你戴上了虚拟现实（VR）头盔，你的注意力瞬间集中，意识处于最佳状态，可以看得一清二楚。

我经常把旅行的方法运用到极致以寻找项目灵感——为了创作我的作品《四壁》，我去了中国台湾和日本旅行。这一路上，我仔细思考了犬吠声、孔庙、虚拟现实和安藤忠雄（Tadao Ando）[1]。如果没有这趟旅行，我就不可能在所有这些元素中找到联系。旅行过程中你可以捕捉各种迥然不同的元素，然后将它们汇聚到一起。

事实上，你也可以考虑采用随笔这种文体，它非常适合本书中提到的碎片化写作。使用随笔文体可以将各种元素有效组合（就像串联的灯泡），从而提升文章的格调。

---

① 日本著名建筑师。——编者注

在由我主持的一个培训小组中，我要求参与者带回来一件他们在街上发现的物品。接下来一周，他们描述了自己在这趟奇异旅程中的经历。一位女士在河边捡到了一个破了的气球的碎片——这是她"情感珠宝盒"中的珍贵元素。平心静气，专注于当下，使她探索到了一个以前没有经历过的清晰世界。

探索建筑工地、废弃的街道、高楼的景观。即使在家乡，你也可以有意外收获。

第12课　小小的未来

在本书的第3章，我介绍了建立在记事本和创作过程理念上的方法。

这种方法可能完全不同于你习惯的那种方法——想到一个创意，完善它，设计一个东西，然后把它造出来（注重产品而不是过程）。

在我提供的激发创造力的方法中，你需要创造一个物理场、一张网、一个收集和整理创作过程的内部接收器（通过你的记事本）。这些行动不一定能提供成熟的想法，但能打造一个丰富的场景，以促成更多原创概念的形成。它能帮助你摆脱陈词滥调，进入一个更多彩的世界。

例如，与其反复考虑是否要写一本小说，不如现在就开始设定一些小目标，从今天开始，每天写10分钟。通过这个我称之为"写自己"的过程，一部小说最终可能会成形。

这肯定会是一段愉快的经历——重点在于培养和锻炼你自己的写作技巧。

如果你想打造"伟大创意的神话"，那你必须在开始阶段就有一个明确的、成形的概念，然后在战略阶段步步推进，直到实现商业目标。

不同于此，我的创意哲学是：只要在创作的过程中做好记录，就可以实现复杂的目标。

如何践行这一哲学呢？

方法之一就是身体力行，运用格式塔理论。

格式塔理论是由弗里茨·珀尔斯（Fritz Perls）和劳拉·珀尔斯（Laura Perls）提出的，强调以体验为先。在心理治疗的安全空间里，用身体将各种想法表现出来，以探索这些想法的潜力。因为我对于这些试验性方法有一定研究，所以感觉这些方法非常有效。

在我的创意方法中，你需要创造一个物理场，一张网，一个收集和整理创作过程的内部接收器（通过你的记事本）。

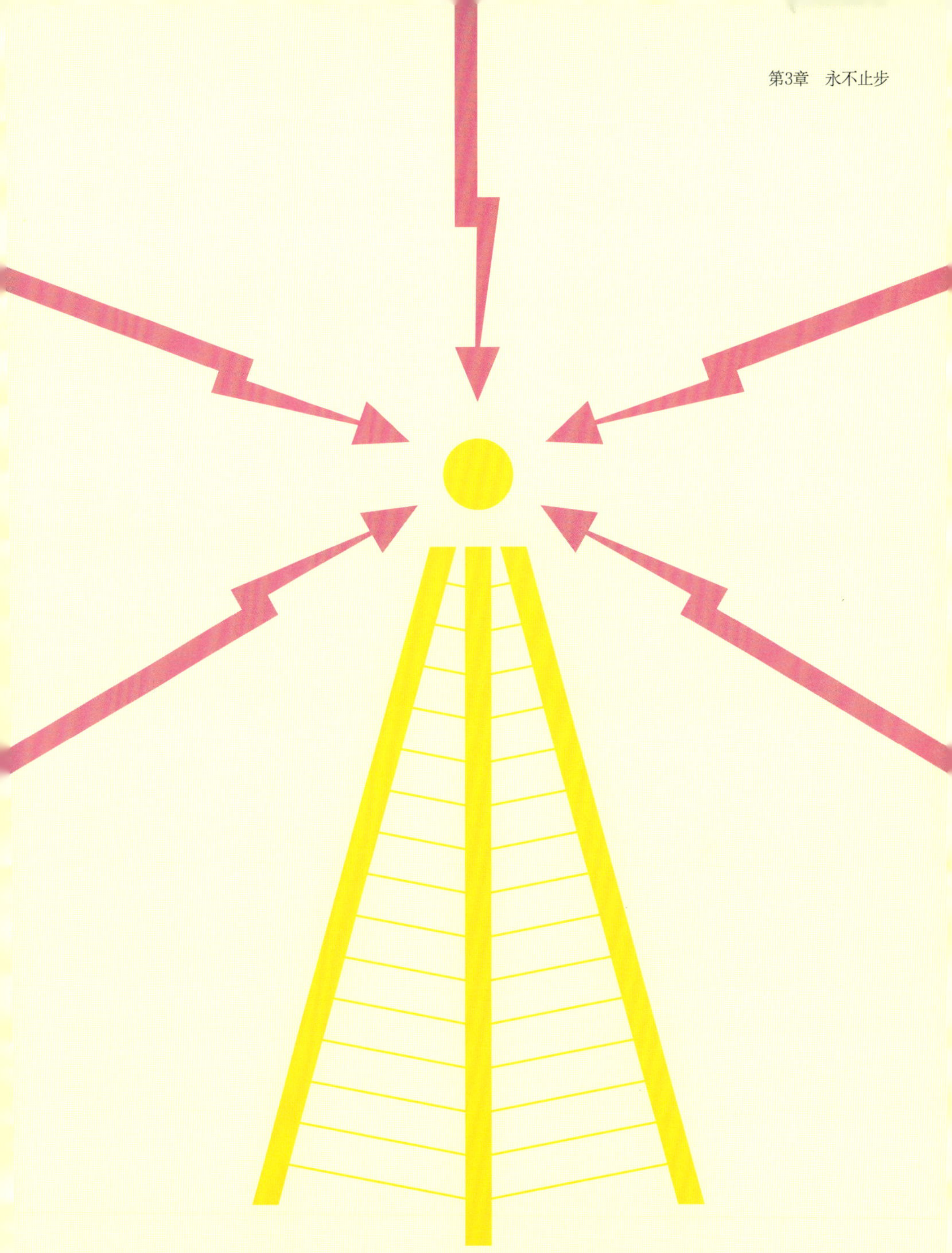

超市收据上的创意

这种身体练习总是令人感到激动，因为它可以激发你的创造力。无论在站起来时，移动时，行走时，你都无法停留在相同的现实中——你必须做出调整。大多数灵感枯竭的情况都是受到死气沉沉的环境的影响。

> 普通的办公室

> 常见的关系

> 重复的系统

> 寻常的布局

使用记事本的好处在于它让你远离电脑屏幕。

当然，目前的科技产品所能实现的功能是惊人的。然而，它们往往让你以一种非常连贯的方式呈现早期未成形的想法，这显得很不真实。

而记事本不能提供这些便利的功能，相反它会使工作更加困难（作品被拿来比较，流程结束，或者出现重大的意外），但结果可能更令人兴奋和新奇。

实体性使这些优势有形成的可能。毕竟，你不是一台电脑，而是一个在空间中不断移动的个体。

即使是使用电脑创作作品，我往往也会先在记事本上进行自己的"内心之旅"。真实和想象之间的张力，实体记事本和电脑屏幕之间的张力，增加了作品的丰富性。

例如，谷歌公司推出的视觉设计语言"原质化设计"（Material Design）是围绕纸片和卡片设计的。尽管研发的对象是虚拟的，但他们通过用物理材料制作模型来鼓励开发者进行深度加工。

实现这一目标的方法之一是整合各种媒体来表达你的想法。

你可以使用：

图片	☐
录音	☐
研究材料	☐
记事本	☐
视频	☐

我自己的许多记录都是在超市收银台的收据上即时完成的。

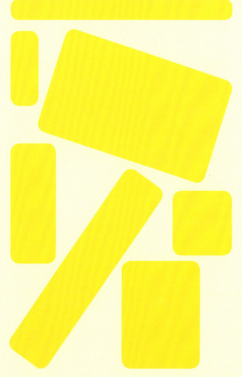

+ 练习

当你用不同的材料将头脑中的概念整合、记录下来后，把它们放在地板上，挪动它们的位置，发现它们之间的关系。

然后站起身：

> 当你回头再看时，你看到了什么？

> 有什么身体和情感上的联系？

> 俯视地板上的物件，它们是否给你什么不一样的启发？

> 你需要改变什么？

这样一来，你就抓住了一个"小小的未来"。

你获得的不是宏大的、遥不可及的想法，而是此时此刻展现在你面前的现实世界。

工具包

09

做到持之以恒的方法就是每天坚持做某件小事10分钟。坚持行动，以30天为周期，为你的创造力打下了一个良好的基础。

在坚持记录的驱动下，通过观察来激发内心想法，这短短的10分钟是你创作过程的组成部分。

释放你的创造性自我，对周围发生的偶然事件持开放态度。

不要过分考虑创意，只管去做。

10

有规律地重复行动，在现在人看来是习以为常的行为。然而，它曾经是一种前卫艺术。现在它已经成为一种主流文化——然而，你仍然可以使用此种方法来发展你的创造力。

乔治·布莱希特、谢德庆、迪特尔·罗斯——从激浪派（Fluxus）到行为艺术都曾使用过此方法。你可以从艺术世界中学习这些方法来拓宽你的实践资源。

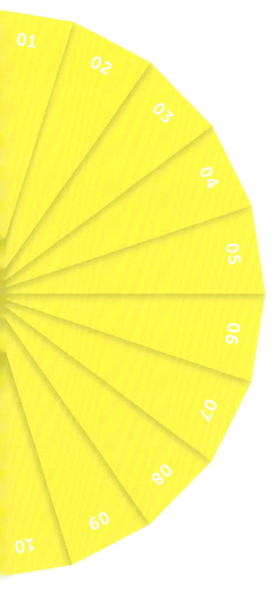

11

善待自己。探索、好奇心、内省和钻研的品质迫使你在经历作品交付的困难过程中进入一个更柔和的空间——在那里你可以表现出一些自我同情。

创造不是一味地用想法去填补虚空，它可以是流动的、实验性的。

迷失的感受可以刺激创作。

12

创意源自创造的过程。你应该常常离开熟悉的环境并探索自我。

有时，创造的过程会一无所获，但没关系，最终它会成为你可以每天利用的资源。

要有耐心。

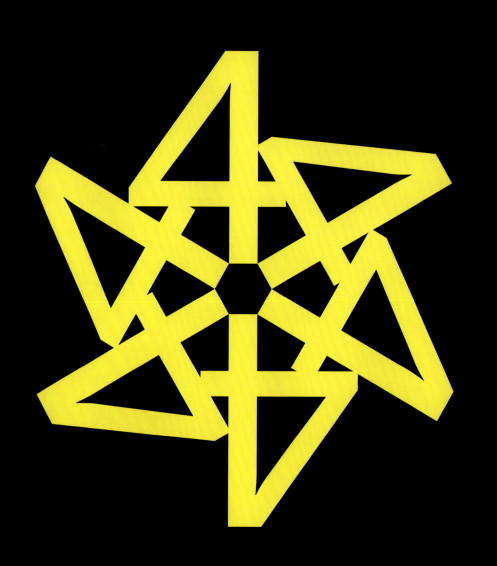

第4章

随机应变

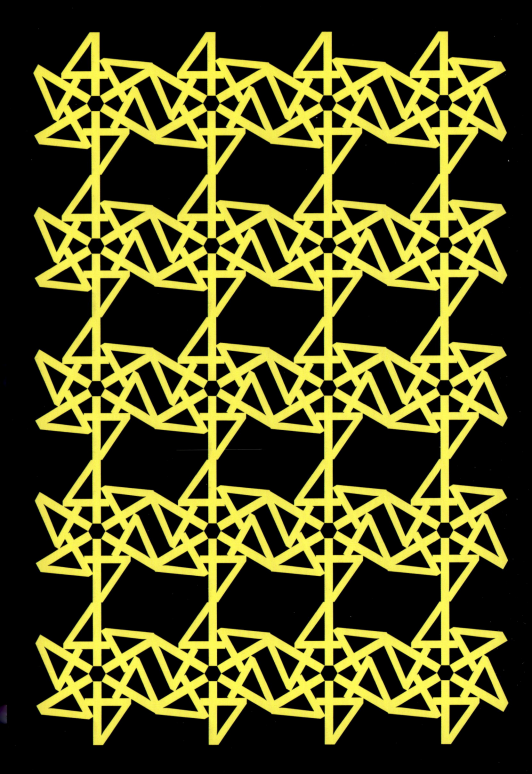

我们常常急于追求大的创意而忽略了我们已经拥有的东西。我们很容易忽视眼前的东西，倾向于把目光投向其他地方。

在本章中，我将继续提供可以应用于实践的方法和技巧。

先问一个直接的问题：你该如何进一步发展自己？

我们常常急于追求大的创意而忽略了已经拥有的东西。我们很容易忽视眼前的东西，把目光投向其他地方。

那些近在眼前的简单事物，比如家庭、关系、环境、互动，都是很好的着眼点。

创造力不在别处，它与你密不可分，它就是你。

让我们再次回顾自觉意识。如果你想成为一个富有创造力的人，就不要给自己的理解能力设限，单纯做一个乘客、一个路人。要勇于挑战自我，真正突破你熟悉的那些陈词滥调，从现实的角度出发，实事求是地审视这些立场。

我们常常以为创造力只属于其他人——他们才有权利发挥创造力。我不认同这种观点。我相信，每个人都有创造力。如果你继续把发挥创造力的权利交给别人，那么你就是在妄自菲薄，轻视自己的潜力。

创造力是对你内心世界的探索。

因此，我们将从审视自己的身体、审视自己的初心开始，开启你充满创造力的生活。

觉醒吧！

第13课　打破传统的典型案例——预制钢琴

做好准备工作是你创意工具箱中的重要组成部分。

做好准备工作可以让你在灵感到来时立刻专注地在纸上记录。如果不及时记录，这些灵感就会溜走。同样，建立一个为机会的出现而预留的空间，也是一个重要的方法。从本质上讲，有准备就等于有创意。

当我在城市中穿行时，我会一直开着我的"心灵照相机"。我看到正在拆除的建筑、飞扬的尘土、棕色的旧厨房、候车亭玻璃上的划痕——我把所有这些都储存在我预留的空间里——记事本的空白区域。

在我十几岁时，我通过阅读约翰·凯奇（John Cage）的著作，特别是他的关于实验音乐的诸篇文章与演讲的著作《沉默》（Silence），以一种不同寻常的方式了解了过程艺术。我是通过实验音乐接触到他的作品的，但他的创作哲学（禅宗、偶发艺术、东方哲学思想）一直影响着我。

请注意凯奇的作品"预制钢琴"。这是一个很好的例子，它说明了如何利用简单的创作过程，达成复杂的结果。"预制钢琴"是一种将各种装置如螺丝钉、螺丝帽和木块等置于钢琴弦上的乐器，使得钢琴具有一种打击乐的音色，与正常的音色表现完全不同。

凯奇用这种发明制造了常见的西方管弦乐器所达不到的效果。然而，归根结底，它仍然是一架钢琴——它可以被组装，也可以被还原。

凯奇所使用的技巧是借助一个微小而重要的转折，把正常的东西变得怪异。

我仍然保留着凯奇的《奏鸣曲和间奏曲》[约翰·蒂尔伯里（John Tilbury）版本]的黑胶唱片。当我看着唱片在转盘上旋转时，我想到了它的含义。

> 适应现实
> 小的步骤
> 自由发明
> 上下颠倒
> 制造偶然

除了笔记本的正常使用方法之外，你

✚ 练习

我们来看看你是否能学会凯奇的方法，并将其应用于你的记事本中。例如：

> 把它撕成两半

> 从一个写好的部分跳到另一部分

> 撕掉几页

> 从后往前阅读

> 每天随身携带记事本中撕下的一页

想怎么用都可以。

试试这个非常简单的改变：把你的记事本侧过来，纵向、横向写，把每一行的内容写满整个页面。注意总结如果将日常工作全部反着来做，那么你的创作过程会发生怎样的变化。

事实上，就像凯奇一样，他能够应用的手段非常有限——不寻求彻底的解决方案，而是用微小的、旁敲侧击的行动，在很大程度上去改变认知。

避免做出巨大的、观念上的决定，而是每天进行小的改变。

在这个意义上，"做好准备"也是一种

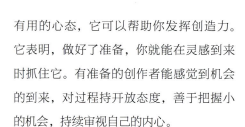

有用的心态，它可以帮助你发挥创造力。它表明，做好了准备，你就能在灵感到来时抓住它。有准备的创作者能感觉到机会的到来，对过程持开放态度，善于把握小的机会，持续审视自己的内心。

转变观念

与其迎头撞上障碍，不如侧身避开，到一片还没有人涉足过的实践区域，给自己创造一个更好的机会。

约翰·凯奇并不擅长旋律，这可能是他被排除在西方经典之外的原因，这迫使他将打击乐作为他新的创作领域，研究甘美兰音乐（传统印度尼西亚锣鼓合奏乐队）——从西方转向了东方。

这种观念转变是非常有效的，你也可以采用这一方法。

如果你无法按照传统规则创作，那么就把情绪、音量、地点、简洁作为你发挥创造力的方向。从你不擅长的领域转向一个不相关的新领域，转移到那些你可以自由施展的领域。

与其迎头撞上障碍，不如侧身避开，到一片还没有人涉足过的实践区域，给自己创造一个更好的机会。

＋ 练习

太多的人热衷于"讲故事"，而传统的活跃领域却变得无人问津，我们应该避免下述做法。

> **不做任何事情**
> **在空荡荡的房子里漫步**
> **设计的故事没有高潮**
> **完成日常工作**
> **浪费很多时间等待**

每个人都想从"起点"开始，但当这些人都决定放弃的时候，我们就从"终点处"开始执行新想法吧。

第14课 整合身体

整合身体也是一种方法。

你通常察觉不到身体，但它可以促使你发挥创造力，在你有需要时立即调动它。

身体是把你和你自己联系起来的通道。

我一直受到艺术家琳达·蒙塔诺与谢德庆的作品《绳子》（*Art/Life: One Year Performance 1983–1984*）的影响。蒙塔诺和谢德庆用一根8英尺（1英尺＝0.3048米）长的绳子把他们二人绑在一起，共同生活了一年时间。这根绳子让我明白了，我们要立足于当下。

蒙塔诺和谢德庆为完成这项创作所做出的奉献、承诺，所具备的信任和坚韧，也让人们理解了为发挥创造力所需要的日复一日坚持的意义。

我经常思考这根把我们绑在"是什么"上的绳子。例如，当我在煮咖啡时，我除了准备咖啡外什么也没做，而当我看到蓝色碗里的樱桃时，我除了看樱桃外什么也没做。

樱桃把我和当下绑在一起，就像绳子把蒙塔诺和谢德庆绑在一起一样。

这个想法对激发创造力很有帮助，因为它可以帮助你把注意力集中在你面前的东西上，这通常是对推进你的想法最有用的概念。我当下的想法是樱桃，我描述的就是碗里那些实实在在的樱桃，因此，我会写下对樱桃的详细描述，记在记事本里。

在碗里的这些樱桃看起来就像蠕动的微生物，我会把这个想法放到我的写作中，作为我思想的延伸。

不管想到了什么，都是想法。

我在写作本书的过程中，当我陷入困境时，我会以一种直接的、毫不犹豫的方式整合我面前的东西，即使它一开始并没有意义。因此，随着我对蒙塔诺的认识，我把她添加到了我的写作中。

此外，我在写作中还加入了预制钢琴、微生物、樱桃和咖啡渣。这种即兴的方式是我认为真正有效的技巧。使用这一技巧可以激发你的潜力，调用你大脑的一切知识，以现场即兴的方式进行创作。

然而，你不需要花365天时间在自己身上绑一根绳子，就可以实现蒙塔诺和谢德

庆的目标和承诺。我发现哪怕是站起身来这样简单的行为也能获得类似的能量。

我发现，即使在最普通的会议室环境中，站起来走动也能成为一种激进的颠覆性行为，让参与者进入到一个没有限制的创造性自我的流动空间。

注意，考虑到等级和地位的差异，从一个固定的物理位置移动是进入一个更复杂的情感环境的切入点。准备好接受这种观念可能带来的变化。

一定要对实验加以约束和设置时间期限，确保你作为主持人能够以身作则。

✛ 练习

这是一个非常适合团队合作完成的实验。

请参与者把椅子往后挪，站起来，在房间里找一个能够感知他们自己情绪的地方。

他们有什么感觉？请部分参与者回答——他们为什么选择站在房间的某个地方？也许是因为那里人多，也许是因为那里没有人。鼓励参与者描述房间的轮廓，并解释自己的选择。

现在，他们能把自己创意项目的进展和这个位置联系起来吗？

虚拟的现实

如今，我们可以通过手机屏幕浏览虚拟的一切，因此，提醒自己我们在现实世界中的物理位置（我们周围的东西）很重要。

箱子、容器、梯子、扬声器、架子、木材，都是能在房间里看到的物体。

就像绑住蒙塔诺和谢德庆的绳子一样，这些元素把我们捆绑在一个表面坚硬的世界里，束缚在一个执着的世界里。也许到目前为止，我们在书中讨论的一切都是为了减少我们对创造力的幻想。我们正在把自己固定在现实中，作为进入创造力世界的一种方式。

在现代社会中，保持专注的想法可能显得非常具有挑战性。毕竟，我们总是容易被购物、电视节目、旅行、社交媒体分散注意力。然而，有一个工具可以让你保持专注：你自己的身体。只有身心合一，你才能左右自己的生活。

+ 练习

你的身体对你当前面对的挑战有什么感觉？你的哪个部位有感觉？

试着找到你身体的中心点，思考它是在下面的哪个位置（请注意：它可能会在你寻找它的时候不断变换位置）。

> **心**
> **手臂**
> **皮肤**
> **神经**
> **肺部**
> **脚**
> **眼睛**

专注于身体的这一部分，就像剥开一层层皮一样。

如果你找到了当下身体的中心点，把这作为良好的信息，可以帮助你处理你目前遇到的问题。例如，如果身体的中心点是心脏，在你正常度过每一天时，尽量专注于你的心脏。不时摸摸胸部，保持与心脏这个重要位置的联系。

身体使你聚焦于当下。当你用"心灵照相机"记录时，当你开始创作的过程时，用身体作为进入创作世界的媒介。

吸入创造力，排出你不需要的东西。

我们常常急创意而忽略拥有的东西。

于追求大的

了我们已经

第15课　拥抱最初的想法

通常情况下，你会在自己最富灵感的时刻产生新的想法。你不需要更多想法，先单独把这个想法拿出来，围绕着它进行精心的设计。

不要急着进入下一阶段，要专注于你目前拥有的一切。

在我执行自己的项目时，我会在无法取得进展时坚持"暂停"。我明白，如果我将注意力转移到别处，就是在采取一种回避策略。因此我会"停"下来，探索这个词的所有可能性（它的难点之所在）。

在本书的前面章节，我举了"ESPELI-DES"项目的例子，这个想法是在梦中产生的。我本可以给网站换个名字，一个更合适的标题，但我并没有在此基础上更进一步。直到后来我才意识到，这个名字的前三个字母是"ESP"（超感官知觉）——与项目洞悉事物的性质相当贴切。

因此，如果你愿意深入挖掘，那么"保持专注"可以帮助到你。想法随着时间的推移而成熟。它们不是短暂的（与观点相反），而是随着过程的推进而发展的。经过反复的删改和文字联想，想法最终会向成熟作品靠拢。

我发现坚持最初的想法和最后筋疲力尽的时候形成的想法都是最好的。

如果你在拍摄作品，不经意的抓拍往往是最好的，你的茫然反而推动不同寻常作品的产生。最后一次尝试产生的结果通常也是很好的，这让你能做到适可而止。

＋ 练习

把一个标题拆解成不同的组成部分。例如，除了"ESP"之外，"ESPELIDES"还包含了"盖子"（lid）、"看见"（sees）、"谎言"（lies）、"速度"（speed）、"削皮"（peel）、"熟食"（deli）、"间谍"（spies）等词。这对我的项目有什么启发呢？

我在监视（spy）自己吗？它揭露（lid）了什么吗？或者它和视觉（seeing）有关吗？它与潜力有关吗？也许它关注的是快速工作（speed）？不过度思考一个想法（deli）？或者，最后需要剥开层层表皮（peel）才能露出内核？所有这些词语均有可能为你带来启发。

探索你标题的所有子集——了解自己想法的内在生命，它的内在自我。即使这些"创意"永远没有出头之日，只能埋藏在你的记事本中，你仍然要持续关注它们，对你标题中的"游戏元素"保持清醒、开放的态度。这些隐藏的丰富内涵总是能为项目增添复杂性，带来一种具有深度的哲学厚重感。

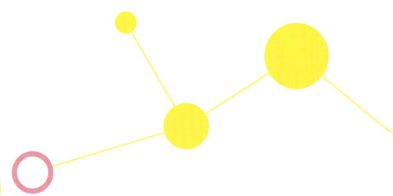

从屋顶到云端

如果你觉得自己才思枯竭，创作受阻，那就一定要到人行道上去试试寻找灵感。在既疲惫又好奇的状态下，一切会变得更加清晰可见。

同样，任何项目的演示或草图，往往提供了一些最重要的灵感，之后的版本可能就没有这些灵感了。我总是回想起自己最初在餐巾纸上草草写下的概念，我把它们折起来，夹在记事本里面。它们就像被压平的花朵，浓缩在纸上，蕴含着最初灵感的能量。

在完成一个项目时，我会重新查看这些草图，看看是否有什么遗漏。在作品最后出炉的时候，推动一个想法前进的动力就会消失，这是很常见的。

可能换掉一个词语、改正标题、纠正语法就会立刻让你的作品失去它的特点。要注意，不要对你的草稿进行过多的修整，不要被传统的语法束缚。

"最初的想法就是最好的想法"最早是由艾伦·金斯堡（Allen Ginsberg）提出来的。他在谈到自己的写作实践以及他的朋友杰克·凯鲁亚克（Jack Kerouac）和威廉·巴勒斯（William Burroughs）的写作技巧时，说的这句话。在"垮掉的一代"运动（the Beat Movement）中，写作的自发性得到了高度的重视。

金斯堡的"最初的想法就是最好的想法"的说法，提出的是一种即兴创作的品质，能为创作者带来令人羡慕的微妙触动。

想象一下，如果有一本书名为《最初的想法》，那这样一本简单的书的内容可能是什么？

错误也是一种特点。

最初的灵感可能来自你乘坐的公交车的车顶或者窗外的风景。它是你目光的落脚点——从屋顶到云朵，再到教堂的尖顶。

在这一瞬间的直觉中，每一种答案都可以浮现，或者为进一步的创作提供一个切入点。尖顶让想法飞升，像火箭一样直冲云霄。

本书前面提到的方法：

> 创作过程
> 辅助视觉
> 替身
> 最初的想法

它们都在一根链条之上，在记事本上画下的一个个裂变的圆圈之中。它们不是单一的想法，也不是终极的想法，而是多个想法的聚合和连接，它们像灯泡一样闪烁着自己的光芒。

第16课　创造力不在别处

我们很容易认为创造力"在别处"，或在别人那里——发生在世界其他地方——美国洛杉矶、德国柏林、英国伦敦、中国台北。

这种"在别处"只是一种投射——一种将你无法把握的东西推给别人的方式。这些"创造天才"是幻想中的人物，存在于大众的想象中，但其实并不存在。也许你的这种想象是为了把这些有创造力的人拔高到自己之上，可望而不可即，于是，你让自己保持被动，与那些在创造领域中领先的人保持一种消极的关系。

当然，的确存在创造力非常丰富的人，他们已经掌握了这种技能，并且擅长创造。但是，你也可以提升自己的创造力，发展自己的创意专长。

如果要我打个比方，那我会将创造力的训练比作在钢琴上练习音阶，虽然很难，但小朋友也可以学会。练习过程也是可衡量的——它可以从最简单的 C 大调开始，循序渐进，逐步掌握更多的升降调。

创作技巧是可以一步步培养的。

本书就是帮助你完成这一过程的指南。

不要把创造力想成"远在天边"，而要想象它"近在眼前"，就在你身上。这样做还有另一个有用的好处——让你停止幻想。

是的，创造力或许很难实现，但你可以减少自己内心的畏难情绪。你也许不会成为一名伟大的艺术家（谁也不知道你会有多大的成就），但可以肯定的是，你将成为自己内心最伟大的艺术家。

《C 音》是美国作曲家特里·莱利（Terry Riley）作品的名字。该作品由一个总谱和53个即兴段落组成，可供任何数量的音乐家同时演奏。

莱利的原创方法影响了我的创作理念——每天练习写作。非常简单的行动，以复杂的形式聚集在一起，成为一种模块化的体验。这些写作的小片段可以单独阅读，或者在许多年后，可以成为你想发表在公共领域与他人分享的东西。

然而，它是以 C 调为基础的，即以 C 调的音为基础，以最简单的音阶为基石。这个 C 调就是你，是你内心的资源，是创作的过程，是得以激发的潜力，是前进的步伐。

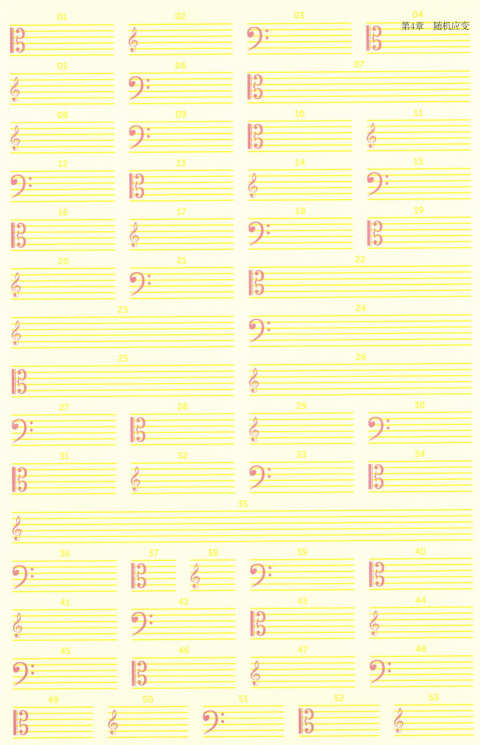

负面影响

我在上海的一个驻地工作时，有一次，我决定每天完成一个简单的行动。我会从《易经》中随机选择一段内容，作为我创作的"台阶"。我会记录在此期间我每天的收获。有时这些观察是平淡无奇的：吃螃蟹味的薯片、读罗比·威廉姆斯（Robbie Williams）的《精选集》（*Greatest Hits*）、盯着墙上的玻璃装饰，而有时则是富有哲理的：捣鼓一台破碎的神秘机器、研究都市玄学。

困难之处在于，《易经》经常提供给我一些我不想要的东西，让我感到困惑，但由于我被限定在我自己制订的创作过程中，就像初学者必须练习的"C 调"一样，我必须用这些不合适的材料来创作一些东西。

困难激发了前进的动力。

这是一个简单的提醒。你是创造力的源泉，不管现实是多么的艰难。

你可能会认为自己现有条件很糟糕——最差的办公室、简单的记录设备、讨厌的邻居。把这些元素看作你每天激活模块化系统的碎片。随着时间的推移，这一切都会成为创造力。

你学习关于创造力的理论越多，你就离创造力越远。

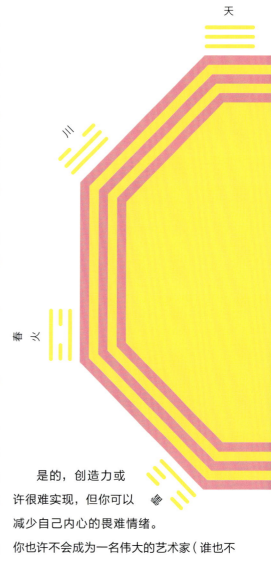

夏天

川

春　火

是的，创造力或许很难实现，但你可以减少自己内心的畏难情绪。你也许不会成为一名伟大的艺术家（谁也不知道你会有多大的成就），但可以肯定的是，你将成为自己内心最伟大的艺术家。

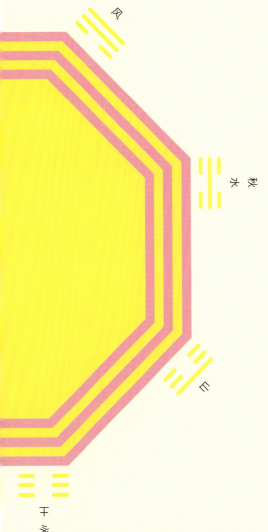

天

水

火

地

+ 练习

把你现在看到的东西列一张清单，记录你所不满意的现实的方方面面。

在接下来的30天内尝试这样做：深入探究泥土、普通人的世界、皱纹。

总结你的不足之处，看看你能获得什么。

给目前所缺的东西做一个计划。在A4纸上写下一些简单的词语："不乐观""困难""垃圾""负面影响"，把纸摆在地上。当你回顾这些令人吃惊的词语时，你看到了什么？

怎样才能摆脱这些焦虑呢？

是否有任何创造性的机会，能改变你围绕这些负面情绪的想法？

在这些词之间建立蜘蛛网式的联系，把"垃圾"变成"废物利用"。

如果其中一些练习让你感到尴尬，不要排斥这种感觉，而是去接纳这种被人关注的不适感。

我向你保证，这种感觉永远不会消失——被人关注是激发创造力的核心。

坦然面对这种感觉，接受自己被人瞩目，慢慢地适应它，做到能与之对话。

与这种感觉合二为一，你就是"它"。

工具包

13

　　"做好准备"是一种有用的心态，它让你像捕捉数据或无线电信号一样接收各种想法。这种方法执行起来简便、不复杂，可以轻易实现——例如，把你的记事本侧立起来，或缩小页面。

　　约翰·凯奇预制钢琴的案例是这种方法的很好的体现，凯奇对古典钢琴做了一些微小的改造，以实现打击乐的效果。

14

　　身体是一种有用的资源，使你超越自我，脚踏实地，实事求是，并进入更深思熟虑的境界。把自己的身体作为一种工具，让它帮助你做出决定——记住，你的身体也是一种便携装置。

　　与其直接从方法中寻找答案，不如秉持"保持专注"的理念，选择倾听自己的身体，听从自己的直觉。

　　倾听身体本身就是一种方法。

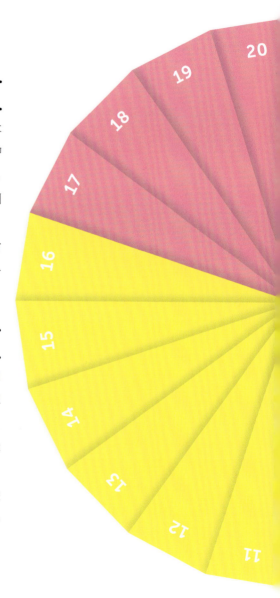

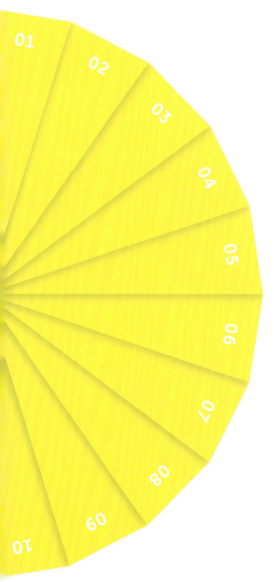

15

最初（或最终）的创意往往有一些神奇之处。由于不了解自己到底在做什么，有时候你可以超越逻辑，进入创作空间。

检查你的原始笔记——页面上即兴创作的文字——看看从最初的想法到最终作品的过程中丢失了什么。

有什么想法缺失了呢？

试着抛开你花了很长时间才掌握的规则。

16

不要认为创造力"在别处"，也不要认为自己缺少创造力，它就在你心里。

受人瞩目是创造力的核心——这不会随着经验的增加而改变。你将永远处于混乱之中，尴尬、不适的感觉会一直伴随着你。与其对抗这种感受，不如把它作为一种工具。每天提醒自己，对自己的创造力负责。

你可以改变一切。

第5章

挑战和困难

第17课　摆脱对收尾的恐惧感

必须要有作品。

第18课　自己动手

不要等待许可。

第19课　以混乱结束

接受混乱的现实。

第20课　说"再见"

体验失败和成功。

不相信"直面恐惧"这样的陈词滥调，而是反其道而行之，将所有的焦虑与恐惧作为朋友——这是我的创作哲学。

这是本书的最后一章，主要探讨"结束"：关于项目进入尾声，到达终点的收尾工作。

故而，要讨论的问题是：写作时如何收尾？

我再次回到书中的一个主要论题——创作对你有什么影响。

令人惊讶的是，结束比开始更复杂——任何人都可以选择开始。空白页就在那里供人书写，但能够包装和设计出一个作品，并成功做出产品的创作人则少之又少。

只要创作没有结束，你就只能悬在半空，找不到关注点，无休止地寻找机会——结束提供了边界、稳定性、可靠性（有时一点稳定性正是你需要的）。

当然，结束的困难在于"终结"会给我们每个人带来不同的感觉——无助、缺乏自信，甚至脆弱。终点的压力体现在我们面对个人批评时表现出来的软弱无力。

因此，结束带来了将你推向极限的挑战。

正如本书所主张的一样，解决之道在于详细探索结束的含义，努力将对结束的恐惧融入你的创作中——将怀疑和意识融入产品中。这种方法一定会增加你作品的复杂性。

不相信"直面恐惧"这样的陈词滥调，而是要反其道而行之，将所有的焦虑与恐惧作为朋友——这是我的创作哲学。

第17课　摆脱对收尾的恐惧感

虽然承认这一点很难，但通常在一个项目收尾的时候，你的大部分时间和精力都会被耗尽。

开始阶段是乐观的、多变的、难以驾驭的、冗长的，是一个一切皆有可能的阶段；而结束阶段是困难的、强硬的、令人沮丧的。如果缺少创新的机会，你将不得不草草结束。

编辑意味着舍弃一些东西。

当我面临这一挑战时，我提醒自己，结束是生命的一部分。我们总能在自然界看到动植物的生死更替。事实上，结束赋予了我们生命的意义。

如果你在创作结束阶段受阻，可以试试下面的练习，把结束工作带来的困难转化为一个视觉的过程。

+ 练习

在你的脑海中，想象自己被定格在一个单一的时间点上。

可以是你脑海中的一个画面——一根羽毛、一块石头、一根杠杆、一个豆荚、一块岩石，只要你觉得这画面和这一瞬间相契合。

使用"心灵照相机"，记住此刻你正在记录自己的内心世界。

逐渐将这种自我意识延伸到困难的瞬间之外，延伸到消失的时刻。想象房间渐渐褪色，墙壁向四周扩张，身体变得空虚，时间变得漫长。然而，在这个更广阔的想象中，保持你对自己存在的清醒认知。随着时间的流逝——眼前的问题将变得不再困难。

当你停止想象时，以这个身处广阔宇宙中的自我身份，写一张留言纸条给那个被问题困扰着的自我。

"亲爱的……"

为什么这个练习有效果?

这个练习的作用在于,它让你不再局限于具体挑战,而是将自己置身于一个更大的世界观中。你的项目可以被分解、调整、修改(就像为了木材而伐倒一棵树),因为所有的东西都是可以被改变的:

> 纸张可以折叠
> 剪刀就在手边
> 水杯可以倒置
> 确定的内容可以作废

结束阶段的影响对我们来说非常深远,就像无限的未终结的回声一样,很难彻底理解。这个练习提醒你,要审视这些结束的过程。

事实上,创造力是不断变化的。

我的桌子上有一块菱形的黑曜石——一种火成岩。

当我面对一个结局时,我将这块石头握在手中,感觉它形成过程中的远古时间结构通过我的手渗入我的全身。

这是对神经语言程序学(NLP,Neuro-Linguistic Programming)中一个概念的有意识的呼应——"心锚"的概念。使用这种技巧,一个物体或一次触摸可以触发一种预设的情绪,这种情绪在你遇到困难时或许会有效果。例如,将一只手的食指放在另一只手的手掌中,可以带来一种稳固的感觉。

这是一个特别有效的方法,可以抵消创作结束时产生的不安感。岩石往往有助于提供这种踏实的感觉,因为它们拥有坚固、持久的特质。

原始工具

在一次研讨会中，我想找一个物体作为小组的练习内容，但我在自己的物品中没找到合适的东西。然而，在我步行去超市的路上，要走湖边的一条弯弯曲曲的小路，这条路会经过一个购物中心和当地的公墓，在这附近我发现了一块石头，我觉得它可能具有我想要说明的特质。

> 坚硬
> 原始
> 有分量
> 有能量

这块石头有许多我们在创作时会努力寻找的"棱角"。

无意间，坐落于城市边缘的教堂墓地赋予了这块石头一种"结束"的感觉，就像在双向车道对面的另一次购物体验，但这次的性质和时间长度不同——就像最后的总结陈词。

岩石让我收获了很多：耐心等待，更全面地观察，看可能发生的事情，感觉具象化。

这些神经语言程序学和石头提供"能量"的解决方案，对于活跃的现代商业和企业来说可能显得有些不切实际。

然而，要坚持这种做法。你通常会感到一筹莫展，这是因为你遵循的是自己非常熟悉的创作路线，是你的思维定式。以这种方式整合自己的直觉，你将不得不重新评估自己的创作。否则，你就是在毫无新意地重复。

如果你感觉自己也遇上了这种情况，那么你就应该尽量相信自己的本能反应，一天之中不要使用任何媒体。如果你感觉自己能做到，就尝试坚持更长的时间。不要打开手机、电脑或电视。在这个特定的空旷房间里，你能真正看到些什么？

在这个自我发现的新领域中，一个合适的结尾应该包含什么？

> 一幅直观图
> 一百种意见
> 一句话
> 一个图像

报告或文件的定稿往往一味地遵循一个固定套路。有了对结尾的新想法，你有什么可以让作品不那么刻板的新发现吗？

+ 练习

找到一个能让你获得稳定感的物体。

尽量相信自己的本能反应，一天之中不要使用任何媒体。
如果你感觉自己能做到，就尝试坚持更长的时间。

关闭电脑

关闭手机

第18课　自己动手

我把最重要的建议放在了本书最后的部分。

自己动手。

这简单的一句话，概括了我的整个创作生涯。我再详细说明一下：不要等待别人的批准，现在就去做，不要拖延，努力去实现自己的想法。

还需要我说更多吗？

现在就去做吧。

自己动手是一个强大的工具，它可以推动你前进，发挥你的潜力。虽然取得进步可能有些困难，但你可以依靠自己的力量——你永远不需要看别人的脸色。

在之前的课程中，我鼓励你去探索自己的创作过程，或许你接受了这些建议，但在面对结束造成的混乱时，由于太急于求成，太想消灭困难，又把这些建议都抛在了脑后。

这时，你可能会想把控制权交给他人。

这是个人创作中一个不可否认的特点，我们经常会在最后阶段放弃，无法完成作品。项目的推进过程有时会让人感觉太过艰巨和复杂。

我们可能会求助于人：

> 请给我资助吧
> 出版我的作品吧
> 掌管我的财务吧
> 做我的经纪人吧

请不要向这些冲动屈服，自己动手。

这些想法都是对自我的否定，看起来能改善情况，但往往不能让你如愿以偿。唯有你自己的声音、双手、眼光、思想、行动才可以使情况发生改变。

我再强调一遍：自己动手。没有什么态度能比下面这些话更富有魅力了：

> 我能做到这一点
> 我可以承担风险
> 我自己想办法
> 我可以实现它

自己动手是一
个强大的工具，它
可以推动你前进，
发挥你的潜力。虽
然取得进步可能有
些困难，但你可以
依靠自己的力量。

这些都是强有力的自我认同行为，它们释放出的热情能吸引他人。

当我无须求助于他人，全凭自己的兴趣开始创作时，这些由我自己的力量和真诚推动的冒险，其结果往往是更好的。

空荡荡的墙面

作品是很重要的，它会推动你的实践向前发展。即使作品的发行量很小，只有几十份，也要公开发布。

如果你是一个艺术家，你可以把自己的作品出版成只有四页甚至不到四页的影印小册子，到咖啡馆和步行街去免费分发这些小册子，在音乐会场外出售它们，或者和别人协商以物易物。

我就是这样开始我的出版之路的——不是出版了几千册的正规图书，而是我可以随身携带的低成本、便携式的小册子。我从艺术家凯斯·哈林（Keith Haring）的例子中得到启发，他在纽约地铁上开启自己的职业生涯，用粉笔在黑色的广告栏上画画，那些空置的墙壁空间是还没有主顾的广告位。我记得多年后，我偶然走进巴黎的一家画廊，看到了他的米老鼠（Mickey Mouse）绘画作品，我一直记得那些画作，久久不能忘怀。

这种进取的态度一直激励着我去注意别人没有注意到的地方——处于人们视野盲区。一旦有人涉足，无主的东西就会有所归属。因此，要抢先发现并占领这样的领域。

✚ 练习

寻找可能支持你进行创作的空间。

不要追求最宏伟、最显眼的画布，而要寻找一个马上可以让你投入的地方：

> **废纸篓**

> **你的窗户**

> **空白的墙**

> **你自己的手**

我总是受到切尔多·梅雷莱斯（Cildo Meireles）的《插入意识形态回路：可口可乐项目（1970）》的启发——普通的汽水瓶被印上了挑衅的语言，然后重新进入流通。在我看来，这是一种真正地、有趣地、爆炸性地对付大规模生产理念的方式。对抗企业权力并推翻它的想法是一种既戏谑又刺激的方式。

　　自己动手的优势是，你并不需要等待他人的许可。在一些项目中，也不会有人给你许可。相反，你要以出乎意料的、间接的方式开始。

　　不要被现有的生产规范所束缚——"优等品"标签往往是一种控制方式。如果有必要，可以把自己的作品复印下来，或者用低分辨率的视频（或任何方便的形式）记录它。

　　现在就把它处理掉。

　　通过这些策略，你可以将自己定位成一个愿意为自己的创造力冒险，毫不介意他人眼光的外乡人。

　　但要小心，因为这意味着如果你决定一切都由自己来做，那么你将没有经纪人、画廊或出版商来保护你。保护自己的最好办法是借用躲猫猫的游戏经验，你可以用到下面这些方法：

> 毫不遮掩

> 匿名

> 勇往直前

> 以集团身份出现

> 伪装

　　当你选择亲自打理一切时，最好将项目的 10 % 留给自己，如果情况变得棘手，你还可以有一个小小的藏身之处。

事实上，
是不断

创造力
变化的。

第19课　以混乱结束

坚持下去的方式之一是将创作的结尾本身变成一项具有创造性的活动。

创作的结束阶段也会是混乱的，准备好面对这种混乱的局面，直到最后。这样，你就不会被结尾所困，而是带着决心，随时准备做出修改。

✛ 练习

把你目前正在创作的所有材料用不同颜色的纸打印出来。不要过多考虑哪一页应该用什么颜色，相信结果的安排。接下来，按照颜色而不是纸张从打印机出来时的顺序，重新排序，把所有的"黄色"或"绿色"页面放在一起，别担心这样做是否有意义。

最后，看看这些不同颜色的页面。当你从一个"黄色"页面跳到另一个页面时，当你读到那些本不应该连在一起的句子时，你有什么发现吗？

这种无厘头的做法是否能创造出什么有意义的东西呢？它是否为你提供了一种针对事物的全新解读方法？

试试下面这个练习。

这个练习的作用在于它打破了一些结尾的必然性，并使之成为一个游戏。通过这种色彩练习，你可以把先前没有关系的元素联系在一起，从而保持思想的流动，防止陷入一成不变的境地。

情况仍然可能发生变化，你需要不断调整。

这种陷入混乱的情况，特别是在一个项目接近尾声的时候，颠覆了你预期的结局，迫使你直面最后的收尾工作。

我发现这真的很有帮助——用你自己选择的混乱来探寻结尾的不确定。

我已经不再追求结局中的精明举措。我发现一个项目的最后阶段，即最后的2%，是不稳定的、奇怪的、混乱的。我现在接受了不会有完美结果的事实，并且不再生活在获得启示性结局的幻想中。

事实上，如果本书有一个中心思想，那就是：放弃对创造力的幻想。

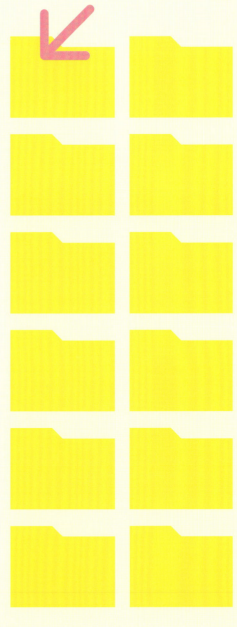

我自己的创作道路上到处都是半途而废的项目，以及夭折了的小想法，或已完成但未出版的作品。这如同一个旧车拆车场，没用的东西都会被拆开当成废品。

我的桌面上有各种文件夹，我把各种项目存放在其中："弹力""步行塔""1号实验""基奥普斯的数据记录"——一些相当有用的创意（这些文件夹中有些实际上是空的）。它们就像废弃的东西，是没有成功的创作过程的残余。

但是它们也有一个作用，它们为我提供了激发创造力所需的肥沃土壤，提供了供万物生长的泥土。

偶尔，我也会翻翻这些文件，从中抽出一个词或想法，整合到我当前的创作中，我的作品就像一个新旧创意交织的松散旋涡。

激发创造力的过程是一种"弹性实验"，是一个会不断发展的区域，逻辑的硬性界限只是有时适用而已。

阿拉丁的藏宝洞

你可以用实验的方法让自己保持轻盈、灵活，从而消除对创作结尾的恐惧。

人的潜意识就如同阿拉丁的藏宝洞，旧的想法和新的创意之间随机组合，是一种项目收尾的真正有用技巧。如果你无法决定该在哪里结束，可以尝试把这个选择交给你自己之外的力量。

> 自然

> 他人

> 概率

> 快速结束

这样，你就熟悉了以自己的困惑为结局的不安感觉，让它成为创造力本身的一部分。

最近，在伦敦地铁上，我发现了一本被人落下的 J.D. 塞林格的《麦田里的守望者》（ *The Catcher in the Rye* ）——那是20世纪70年代企鹅出版社出版的银色封面版本。这个版本充满了塞林格的"创意"，在我写作本书的过程中也曾应用过这种方法。我把这一发现当作一个信号，表明这本书中包含了一些重要的东西。

当时，我正因为书结尾的写作一筹莫展，于是我试着用了一个老办法，随机翻开了这本书。我翻到了第117页，刚好是对

枯燥的文学世界的另一部作品——莎士比亚的《罗密欧与朱丽叶》(*Romeo and Juliet*)的嘲讽(令人感到讽刺的是,我记得《麦田里的守望者》现在和莎士比亚的作品一起被列入大多数学校要求的阅读清单当中)。

我该怎样将西摩对《罗密欧与朱丽叶》惊世骇俗的评价融入我自己的书的结尾部分呢?

首先要承认的是,捡到《麦田里的守望者》这本书,让我开启了一次"内心之旅"。其次,我愿意把这一新奇的发现作为工具,结合我自己的"创作过程",我的"心灵照相机"——我用这本书,连同它闪亮的银色封面,作为一面镜子来映射出我自己的一部分(这种对我自己创作过程的意识已经是解决方案的一大部分。正如本书第3章所讲的那样,意识加上创作过程就等于创造力)。

我把"罗密欧"和"朱丽叶"看作是自己遇到的矛盾冲突的不同部分,分别代表"男性"和"女性"的原型人物,只有将这两位主角结合在一起,我才能完成自己的作品,因此我打算把这种敌对关系作为结局过程的一部分。

当然,《罗密欧与朱丽叶》的结局并不是有情人终成眷属,而是误会和死亡。

也许接受困惑对于创作过程而言是必须的。

只是有时,它可能没有成功。

隐藏的创造力
为 创 作
搭 建 舞 台

第20课 说"再见"

对你的创造性工作说"再见"很有必要，这可以赋予其意义。

不管是书、表演、唱片还是展览，一旦出版和上映之后，你就不得不把自己的想法抛在身后，继续前进。你可能还没有做好准备，也可能会想要抗议，但归根结底这样做对你有好处。

如果没有结束，你就会永远停留在创作中。在你身后狠狠关上的门也有它的作用。

通常情况下，就像同时抛接几个球的杂要一样，我们要处理多项任务来保持项目的进展，以避免项目突然中断。如果创作是有生命的话，那么结束就是项目的"死亡"——尽管你的想法可能没有得到适当或准确的实现，但这个结局终会到来。

你必须接受项目的"不完整"和"差强

人意"。

在大多数情况下，童话般的结局是不存在的。有时你的创作能力并没有得到充分发掘。尽管有未实现的期望和遗憾，但你还是需要甩开过去的一切，坚持下去。

然而，记得我之前说过，创作是模块化的——在这个前提下，有"胜"也有"败"。创作过程的本质就像植物的根茎一样，它会不断生长。"失败"过后，"成功"迟早会到来。

你必须坦然面对这些悄无声息的"失败"，继续前进。

我们每天都可能会经历成功或失败，你要克服恐惧，以发挥自己最大的潜力。

如果你能经受住风暴，你就可以自诩为艺术家。

事实上，向失败之神祈祷并不是一件

坏事。

我们如此痴迷于成功——那些闪闪发光的、虚幻的欲望对象——以至于偶尔庆祝一下我们的失败、无能、忧郁或霉运也不错。

如果你还没有成功，别担心——那一天总会到来的。

最主要的是要将你的心融入创作中——我承认，这一点说起来容易，做起来难。

前文已经说过，我们是如何习惯于陈词滥调、习惯和套路的——这些例行公事让我们无法真诚或踏实地工作。如果你能从本书中学会一件事的话，请尝试用新的眼光来看待自己。

可以从小事着手。

每天工作结束时练习下面的小事：

> 锁好办公室的门

> 关闭计算机

> 把废纸扔进垃圾桶

> 把电视遥控器放好

做这些事情的时候，要有事情接近尾声、必须结束的明确意图，表现出一种对意外结果的需求。

以这种方式，你可以练习如何给创作收尾。不是你在脑海中想象的好莱坞获奖演讲，而是提醒自己：

> 效果很好

> 我挺过来了

> 我学到了一些东西

> 结尾给人以很好的"启发"

> 我超越了极限

> 结尾一气呵成

通常在面对客户的情况下，在结束的那一刻，我会追问自己，并再进行一次检查。

我从这种情况中学到了什么（答案可能与项目的质量或成功无关）？

我对自己有什么新的了解？

因此，我们绕了一圈又回到了创作过程，它就像一把亮黄色的伞一样，覆盖了本书的大部分内容。

你有什么收获呢？

✚ 练习

现在，在你的记事本上写下你在本章中总结的内容。

是关于感觉的吗？是一个词吗？在阅读本书时你的"心灵照相机"记录下了什么？

在这里，我想起了关于旅程的隐喻——挣扎、成功，我甚至想谈一谈山峰和目标。它们的存在是为了说明有些事情人类是无法征服的。

不是对光鲜亮丽、永无止境的成就的追求，而是谦卑地向前迈进。

一步一步地往前走。每天练习使用记事本、方法论、创作过程、对话、笔。这些可能不符合你对创造力的幻想，但它们可以更好地帮你发挥创造力。

你需要真实的、有理想的、复杂的、可持续的练习。

我鼓励你坚持把自己作为创造力的唯一来源——创造力不在别的地方，而是在你的内心。

工具包

17

　　为了培养你的创造力，完成作品是必要的，即使结局是不那么理想、不那么完整的。你必须将一些东西留在身后，继续前进，只有这样你才能有所进步、有所发展。

　　这些结局是对我们有限特质强有力的回应，它们可以唤起复杂的感情。它们不仅是项目的成果的体现，还触发了原始的情感。

　　结局会给人一种一切都结束了的感觉，但这不过是另一种形式的开始罢了。

18

　　自己动手是一种夺回控制权、指导自己创作的方式。你不需要对任何人负责。"我能做到""我能找到买家"这样的话语能给予你不可估量的力量——自己动手可以改变生活。

　　不要等待别人的许可，要勇敢去做。

　　你可以做出非常不起眼的作品，即使它们显得原始、粗糙，也可以推动事情的发展。

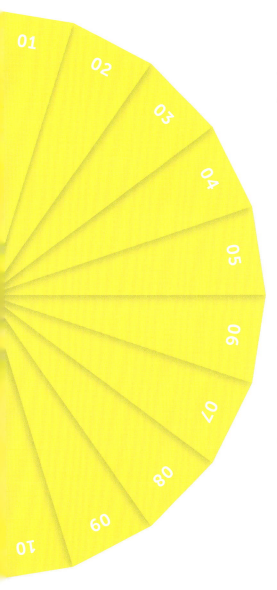

19

结尾的过程将是混乱的，但你可以打破这一局面。接受它的混乱，做好去适应它的准备，直到最后一刻。

通常情况下，旧的记事本可以作为灵感来源，为你迎来柳暗花明的一刻。随意翻开一本书，或引入与你正在进行的创作完全不同的另一种元素。结合色彩信息或视觉图像来加速改变。

20

只有跟自己的作品说再见，才能继续前进。

接受"不完美"的项目，把想法变成作品，然后不再驻足留恋。这种艰难的结束，这种没有童话、没有幻想的结束，对创造力来说是必要的。不是每个想法都会百分之百成功。

继续前行。

平等地探索失败和成功。失败和成功是你的双重目标——对于结束，二者各有各的作用。

参考阅读

《弗兰妮和祖伊》, J.D. 塞林格 (J.D. Salinger), 企鹅出版社, 1964。

《沉默》, 约翰·凯奇 (John Cage), 马里昂·博雅斯出版社, 1973。

《逆流》, 若利斯·卡尔·于斯曼 (Joris-Karl Huysmans), 企鹅经典出版社, 1959。

《麦田里的守望者》, J.D. 塞林格 (J.D. Salinger), 汉密尔顿出版社, 1950。

《达洛维夫人》, 弗吉尼亚·伍尔夫 (Virginia Woolf), 霍加特出版社, 1925。

后 记

本书的前言部分重点讨论了书名中的"创造力"一词，这是我们所有人都拥有一种自然状态，这种好奇心、好玩的天性是童年时代我们就拥有的，我们每天都与之相伴。

本书在很大程度上强调了"心灵照相机"和创作过程，将它们作为获取创造力的方式。这些方法与我作为荣格学派一员的立场一致——我一直以来的期望是每个人都能培养自己的内在自我、自己的意识。

但在本书的结尾，我谈到外部世界同样重要：创造力存在于行动之中。我们必须激发自己与生俱来的创造力，让它经常处于活跃状态，这样才能让创造力得到不断的发展。

我想起了 J.G. 巴拉德的论断：弗吉尼亚·伍尔芙小说中的人物都没有给汽车加过油。这意味着：不要只考虑内心世界，也要关注外面的世界。记录下你所发现的外部生活的细节。

在20世纪（后弗洛伊德时代到来，精神分析理论趋向成熟），我们在很大程度上关注的是内心世界，但除此之外，还有一个广袤的经验世界需要我们去探索和记录。例如，如果你能描述去超市买一包早餐麦片的过程，以及这一过程中所体现的现代超现实性，或者你能描述把银行卡插入提款机，以及这一行为发生时的身体意义（退后一步，实事求是地观察一会），那么你就能发挥创造力了。

事实上，创造力就存在于内部的现实和外部的意识这两者交融的地方。

回过头来读本书，我也很惊讶自己过去了解过的艺术家们——约翰·凯奇、铃木俊隆、J. D. 塞林格是如何成为书中"角色"的。本书就像我自己的玩具剧场，而他们就是舞台上来来去去的演员。

我很庆幸自己采取了这种方法。许多关于创造力的书籍都会提供给读者一系列原则、一套必须遵守的规则。与此相反，我在本书中展示的是，我自己在创造力方面是如何求索的——不是从全知、全能的

20世纪（后弗洛伊德时代到来，精神分析理论趋向成熟），我们在很大程度上关注的是内心世界，但除此之外，还有一个广袤的经验世界需要我们去探索和记录。

角度，而是利用实际行动推动自己前行。

通过这种多听多看的方法，我想要表达的是，我的眼睛看到的或耳朵听到的都会成为我的创造力。这并不是单纯的唯我论——对你来说也是如此。

你需要观察的对象是你自己，这也是你创造力产生效果的地方。

把你自己的"人物角色"带入生活。记录任何能够引起你注意的东西，这或许本来就是你奉行的准则。收集你的所见所闻。

富有创见的自我就是你的未来。

创造力的世界不是一系列抽象的数学原理，不是可以严格应用的数据集。它是由你的热情、执着、意愿、独特性组成的。如果你发展你的自我，你的创造力自然也会随之提升。

这是本书最后希望你选择的道路。

祝你好运。

作者简介

迈克尔·阿塔瓦尔

　　艺术家、顾问，其实践过程融入了创造力、商业、艺术和心理学的内容，以创造力为引，解决专业问题。曾撰写图书《如何成为艺术家》《更好的魔术：如何在24个步骤中产生创意》，还撰写过三本关于创造力的书，内容涉及创作过程、个人实践，以及如何让团队产生创意。

自我提升系列图书

ISBN：978-7-5046-9633-5

ISBN：978-7-5046-9627-4

ISBN：978-7-5046-9903-9

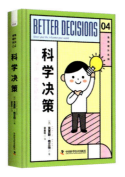

ISBN：978-7-5046-9975-6

ISBN：978-7-5046-9974-9

ISBN：978-7-5236-0044-3

ISBN：978-7-5236-0045-0